宽心与幸福的人生经营课

胡明媛 ◎ 编著

北京工业大学出版社

图书在版编目（CIP）数据

宽心与幸福的人生经营课 / 胡明媛编著. -- 北京：北京工业大学出版社，2011.6
 ISBN 978-7-5639-2734-0

Ⅰ.①宽… Ⅱ.①胡… Ⅲ.①人生哲学-通俗读物 Ⅳ.①B821-49

中国版本图书馆CIP数据核字（2011）第075503号

宽心与幸福的人生经营课

编　　著：	胡明媛
责任编辑：	康　路
封面设计：	天之赋设计室
出版发行：	北京工业大学出版社
	（北京市朝阳区平乐园100号　100124）
	010-67391722（传真）　　bgdcbs@sina.com
出 版 人：	郝　勇
经销单位：	全国各地新华书店
承印单位：	北京晨旭印刷厂
开　　本：	787 mm×1092 mm　1/16
印　　张：	17
字　　数：	210千字
版　　次：	2011年6月第1版
印　　次：	2011年6月第1次印刷
标准书号：	ISBN 978-7-5639-2734-0
定　　价：	28.00元

版权所有　翻印必究

（如发现印装质量问题，请寄本社发行部调换 010-67391106）

前 言

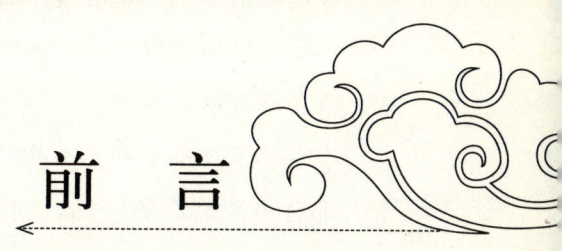

面对生活的不尽如人意和变化无常,我们常常疲惫不堪。熬得过去,就是生活对我们的考验;熬不过去,就是生活对我们的惩罚。

生活不是我们的敌人,生活也不曾亏欠我们什么,不能因为你不是"富二代",就红着脸每天咒骂老天不公平。其实,生活给我们的路是一样的,何必在意是站着走完的还是坐车跑完的呢?也许他比你跑得快,却可能没有你走得充实。拿自己的短处和别人的长处比,怎么看怎么憋屈;多看自己的长处,怎么看怎么幸福。学着换个角度看生活,就会发现尽管生活没有精美的包装,但它依然包裹着无限美好。当我们把追求外在的光鲜或者"过得比别人好"作为人生终极目标的时候,就会陷入物质欲望为我们设下的圈套。世俗心态像童话里的红舞鞋般漂亮、闪耀,充满诱惑,一旦穿上,便再也舍不得脱下来,然后,我们疯狂地转动舞步,一刻也停不下来,尽管内心充满疲惫和厌倦,但脸上仍然挂出幸福的招牌微笑。当我们在众人的喝彩声中终于以一个优美的姿势为人生画上句号时,才发觉这一路的风光和掌声,竟是那么空虚。

生活是自己一个人私有的,活在别人的标准和眼光之中无疑是一种痛苦。我们活这一辈子,真正给自己的并不多,所以,放宽心,善待自己吧,善待你的生活、你的每一分钟,这样就不会活得太累。

大文豪雨果说过,世界上最宽广的是海洋,比海洋更宽广的是天空,比

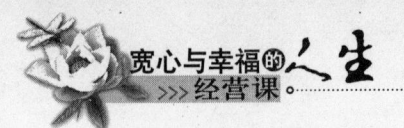

天空更宽广的是人的胸怀。有一颗宽广的心，才能发现幸福；有一颗宽厚的心，才能珍惜幸福。宽心是一种学问，时刻以一颗宽大的心包容生活，享受平凡，不以世俗荣辱为念，不为世俗荣辱所累，心胸坦荡，就不会再丢失幸福，或与幸福擦肩而过。

本书从平凡琐事到与人相处，从金钱到工作，从休息到生死，涵盖了每个人都有可能遭遇的一切，提醒我们宽心待人、宽心做事，分清什么时候用长镜头淡化主题，什么时候给特写深化思想，只有恰到好处，才能获得幸福。

淡泊的人生，如开在东篱下的菊花，不妖娆却很耀眼。生活不需要太奢华，简单的人生正可以恰到好处地诠释幸福。有时候，一顿简单的晚餐、一句简单的问候、一张简单的卡片，或者一首简单而又优美的小诗，就能够满足我们的内心，让我们感受到生活的幸福。

无论你在哪里，在做什么，要往哪里去，都请你记住：在生活的沙漠中，总会有一片绿洲等你去发现，总会有一些花朵在为你绽放。放宽心，慢慢走，好好欣赏路上的一片美景，幸福就是躲在尘嚣背后的那一道风景。

目 录

第一章
放宽心，幸福正在进行时

- ⊙ 豁达心宽福自来 ·· 2
- ⊙ 没有突围不了的"心域" ·· 4
- ⊙ 别让烦恼绊住双脚 ·· 7
- ⊙ 再苦也要笑一笑 ·· 10
- ⊙ 不要将抱怨当做习惯 ·· 12
- ⊙ 与其怨天尤人，不如静候时来运转 ····························· 14
- ⊙ 突破心的"鱼缸"，收获"大海"的广阔 ···················· 17

第二章
幸福不是拥有得多，而是计较得少

- ⊙ 不算小账，不计得失 ·· 20
- ⊙ 谎言在左，幸福在右 ·· 23
- ⊙ 活在当下 ·· 26

- ⊙ 温饱无虑便是幸事 ………………………………………28
- ⊙ 衡量生活，别用刻度太细的尺子 …………………………31
- ⊙ 幸福更青睐懂得感恩的人 …………………………………33
- ⊙ 因活着而知足，因健康而幸福 ……………………………35
- ⊙ 生活毁于贪婪，幸福源自珍惜 ……………………………38

第三章
生活不是童话，悦纳生活中的不公平

- ⊙ 生命本身并没有残缺 ………………………………………42
- ⊙ 不如意的生活才是正常的生活 ……………………………44
- ⊙ 尽管没有精美包装，生活仍然是份厚礼 …………………46
- ⊙ 看人生的角度由自己抉择 …………………………………48
- ⊙ 天鹅与鸭子的一线之隔 ……………………………………51
- ⊙ 以主角的心态演绎人生 ……………………………………54
- ⊙ 拭去心灵的浮躁 ……………………………………………56

第四章
境随心转，随缘心自宽

- ⊙ 团团转不如顺其自然 ………………………………………60
- ⊙ 淡一点，好过点 ……………………………………………62

- ⊙ 一切从改变心态开始 …………………………………… 64
- ⊙ 丢掉无谓的固执 ………………………………………… 66
- ⊙ 屈是一种气度，伸是一种魄力 ………………………… 69
- ⊙ 心不乱，一切终会豁然开朗 …………………………… 71

第五章
做平常事，得异常福

- ⊙ 平常心是可以练习的 …………………………………… 76
- ⊙ 琐事是生活的折射，平淡是生活的倒影 ……………… 79
- ⊙ 吃亏有时是福 …………………………………………… 81
- ⊙ 心无杂念才能宠辱不惊 ………………………………… 84
- ⊙ 淡然面对得失，坦然接受成败 ………………………… 86

第六章
爱是幸福的代言人

- ⊙ 亲情"不值一毫"，却胜于千金 ……………………… 90
- ⊙ 时时行孝，及时行孝 …………………………………… 92
- ⊙ 爱情是艺术品，不是收藏品 …………………………… 94
- ⊙ 时刻带着欣赏的眼光看待爱人 ………………………… 97
- ⊙ 珍惜生命，因它不只属于你自己 ……………………… 99

- 用爱可以提取幸福 …………………………………… 101
- 最珍贵的是此刻 ……………………………………… 103

第七章
谅己谅人，幸福才能长久

- 笑纳别人的优秀 ……………………………………… 108
- 宽容让摩擦去无踪 …………………………………… 110
- 有时不妨装装糊涂 …………………………………… 112
- 过去的让它过去 ……………………………………… 115
- 挑剔他人等于孤立自己 ……………………………… 118
- 别让猜疑乱了你的心智 ……………………………… 120
- 有时候，敌人比朋友更真诚 ………………………… 122

第八章
给人情多几分留白

- 利人者，人人利之 …………………………………… 126
- 越想独善其身，越是进退两难 ……………………… 128
- 承认并挽回过失，会更受人欢迎 …………………… 130
- 用一套标准对待他人和自己 ………………………… 133
- 学着信赖别人 ………………………………………… 135

⊙ 信任是灵魂，交流是血肉 ……………………………… 138
⊙ 用真诚的桨划动友谊的船 ……………………………… 140

第九章
路径窄处，留一步与人行

⊙ 路留一步，味留三分 …………………………………… 144
⊙ 多一分宽容，少一个敌人 ……………………………… 146
⊙ 扔掉仇恨袋，重拾幸福篮 ……………………………… 149
⊙ 人生如棋局，不能没有对手 …………………………… 151
⊙ 感谢对手，让我们的生活不倦怠 ……………………… 154
⊙ 慈悲没有对手，宽容没有借口 ………………………… 156
⊙ 心宽是福门，心狭是祸根 ……………………………… 158

第十章
幸福无关贫富，钱财不是罪过

⊙ 简单即福 ………………………………………………… 162
⊙ 幸福从未明码标价 ……………………………………… 164
⊙ 放下手中的小算盘 ……………………………………… 166
⊙ 钱用了，才是钱 ………………………………………… 169
⊙ 不必用金钱装饰自己 …………………………………… 171

- ⊙ 留只眼睛看钱，留只眼睛看己 … 173
- ⊙ 恰如其分地富有 … 176

第十一章
你能放下多少，幸福就有多少

- ⊙ 不舍弃鲜花的绚丽，得不到果实的香甜 … 180
- ⊙ 接受失去，学会放弃 … 182
- ⊙ 放下才能拿起 … 184
- ⊙ 人生就像救火，只能有选择地抢救一部分东西 … 187
- ⊙ 放弃是一种生存的魄力 … 189
- ⊙ 一拿一放间，成就幸福 … 191

第十二章
像恋爱一样去工作

- ⊙ 工作并非苦役，尽情享受工作 … 194
- ⊙ 把每一天的工作都当成代表作 … 196
- ⊙ 化工作压力为奋斗的激情 … 198
- ⊙ 不为薪水所累，不为职位所惑 … 200
- ⊙ 你要储蓄的不仅是工资，还有资本 … 202
- ⊙ 幸福有时与金钱无关 … 204

第十三章
人忙心不忙，幸福需要放慢脚步

- 不再忙、盲、茫 …………………………………… 208
- 经营8小时内的幸福 ……………………………… 211
- 休息为你赢得好状态 ……………………………… 214
- 生活不怕"慢慢来" ………………………………… 216
- 生命在享受时光中提升品质 ……………………… 218
- 静心过滤浮躁，留守豁达 ………………………… 221
- 生活鼓励"开小差" ………………………………… 223

第十四章
活在当下，延长你的幸福

- 希望是主旋律，逆境只是插曲 …………………… 228
- 每一天都是一个好日子 …………………………… 230
- 快乐只是一种选择 ………………………………… 232
- 心态是一种神奇的力 ……………………………… 234
- 肯埋头，才能抬得起头 …………………………… 237
- 没有宁静的心，到哪里都是流浪汉 ……………… 239
- 珍视每一分钟，便多了一分美好 ………………… 241
- 立足当下，才能发现未知的幸福 ………………… 243

第十五章
生活要天然，生死需释然

- ⊙ 幸福经不起从头再来 ………………………………… 246
- ⊙ 生是奋斗，死是休息 …………………………………… 248
- ⊙ 不要荒废人生的旅程 …………………………………… 251
- ⊙ 充实每个瞬间，就能无限延长生命 ………………… 253
- ⊙ 无法左右，不如顺其自然 …………………………… 256

>>> 第一章

放宽心，幸福正在进行时

　　宽心是门学问，只有懂得什么时候用长镜头，什么时候给特写，才能俘获生活的美景。如果感觉不到幸福，要么是身处其中，"幸福神经迟钝"，即使身在福中却也浑然不觉；要么就是心无空位，装不下幸福。

豁达心宽福自来

一位德高望重的长老，在寺院的高墙边发现一把椅子，他知道有人借此越墙到寺院外。于是，长老搬走了椅子，在原地等候。午夜，外出的小和尚爬上墙，再跳到"椅子"上，他觉得"椅子"不似先前硬，软软的甚至有点弹性。落地后小和尚仔细一看，才发现椅子已经"变成了"长老，原来他跳在了长老的脊背上。小和尚仓皇离去，事后，他诚惶诚恐地等候着长老的发落，但长老并没有这样做，甚至没提及这件事。小和尚被长老的宽容感动，收住了心再没有去翻墙，每天刻苦修炼，若干年后，成为了寺院的长老。

真正的心宽，是具有宽广的胸怀，是包容清净也包容污秽，包容爱也包容恨，包容善良也包容邪恶。真正宽广的胸怀，要像广袤的苍穹，容纳群星也容纳尘埃；要像浩瀚的大海，容纳百川也容纳细流。

在对待别人的批评时，及时压制住心中的怒火，既是一种心宽的表现，同时也能赢得别人的帮助。

汉斯在维也纳当了很多年教师，在第二次世界大战期间，他逃到了瑞典。身无分文的他急需找份工作，因为他能说能写好几国语言，所以希望进一家出口公司谋一份秘书工作，但绝大多数公司都回绝了他。还有一个人在写给汉斯的信上说："你对我生意的了解完全错误。你既蠢又笨，我根本不需要任何替我写信的秘书。即使我需要，也不会请你，因为你甚至连瑞典文也写不好，信里全是错字。"

当汉斯看到这封信的时候，简直气得发疯。那个瑞典人写信说他不懂瑞典文是什么意思？那个瑞典人自己的信上就是错误百出。

汉斯当时就写了一封回信，目的是使那个人大发脾气。后来，他停下来对自己说："等一等，我怎么知道他说的不是对的？也许我确实犯了很多我并不知道的错误。如果是那样的话，那么我想要得到一份工作，就必须继续努力学习。这个人可能帮了我一个大忙，我应该写封信给他，在信上感谢他一番。"汉斯撕掉了他刚刚写完的那封骂人的信。

汉斯另外写了一封信说："很感谢你不辞辛苦地写信告诉我我的错误。对于我把贵公司的业务弄错的事我觉得非常抱歉，我之所以写信给你，是因为我向别人打听，而别人把你介绍给我，说你是这一行的领导人物。我并不知道我的信上有很多文法上的错误，我觉得很惭愧，也很难过。我现在打算更努力地去学习瑞典文，以改正我的错误，谢谢你帮助我走上改进之路。"

没过几天，汉斯收到了那个人的回信，他为汉斯提供了一份工作。

当我们将手中的鲜花送与别人时，自己已经闻到了鲜花的芳香；而当我们要把泥巴扔向其他人的时候，自己的手已经被污泥染脏。不发怒、不暴躁、不患得患失、不受世俗牵绊、超然洒脱，才能达到高深的修持境界，获得真正的智慧。

紧紧抓住过去受到的伤害不放，只能给双方带来悲痛。要认识到这一点，可能需要一定的时间。乔治·赫伯特说："不能宽容的人损坏了他自己必须去过的桥。"宽容使给予者和接受者都受益。当真正的宽容产生时，没有疮疤留下，没有伤害，没有复仇的念头，只有愈合。宽容不仅能改变被宽容者的缺陷，还可以挖掘出宽容者身上的伟大之处，正如美国作家哈伯德所说："宽容和受宽容是难以言喻的快乐，是连神明都会为之羡慕的极大乐事。"

要做到心宽，必须具有豁达的胸怀，为人处世、待人接物时，不能对他人要求过于苛刻，应学会宽容，谅解别人的缺点和过失。要做到这一点，就要有气量，要宽宏大度。生活在凡尘俗世，难免与人磕磕碰碰，难免遭别人误会猜疑。你的一念之差，你的一时之言，也许别人会加以放大和责难，你的认真、你的真诚，也许会被别人误解和中伤。如果非得斤斤计较，睚眦必报，难免两败俱伤、没完没了。不如多些度量，少些计较，这样才能避免事态恶化，还自己一个幸福的人生。

没有突围不了的"心域"

有一位老哲人说过："世界上没有跨越不了的事，只有无法逾越的心。"这个"心"一旦被自己封闭起来就变成了"心域"，会限制我们的发展，所以，要想获得幸福，最关键的是要开放自己的心。

曼德拉因为领导反对白人种族隔离的政策而入狱，白人统治者把他关在荒凉的大西洋小岛罗本岛上27年。并经常对他进行残酷的虐待。

罗本岛上布满岩石，到处是海豹、蛇和其他动物。曼德拉被关在总集中营一个"锌皮房"里，每天将采石场的大石块碎成石料。他有时要下到冰冷的海水里捞海带，有时干采石灰的活儿——每天早晨排队到采石场，然后被解开脚镣，在一个很大的石灰石场里，用尖镐和铁锹挖石灰石。因为曼德拉是要犯，看管他的看守就有3人。他们对他并不友好，总是寻找各种理由虐待他。

谁也没有想到，1991年曼德拉出狱当选总统以后，他在就职典礼上的一个举动震惊了整个世界。

总统就职仪式开始后，曼德拉起身致辞，欢迎来宾。他依次介绍了来自世界各国的政要，然后他说，能接待这么多尊贵的客人，他深感荣幸，但他最高兴的是，当初在罗本岛监狱看守他的3名狱警也能到场。随即他邀请他们起身,并把他们介绍给大家。

曼德拉的博大胸襟和宽容精神,令那些残酷虐待了他27年的白人汗颜,也让所有到场的人肃然起敬。看着年迈的曼德拉缓缓站起,恭敬地向3个曾关押他的看守致敬,在场的所有来宾以至整个世界,都静下来了。

后来,曼德拉向朋友们解释说,自己年轻时性子很急,脾气暴躁,正是狱中生活使他学会了控制情绪,因此才活了下来。牢狱岁月给了他激励,也使他学会了如何处理自己遭遇的痛苦。他说,感恩与宽容常常源自痛苦与磨难。

获释当天,曼德拉的心情平静:"当我迈过通往自由的监狱大门时,我已经清楚,自己若不能把悲痛与怨恨留在身后,那么我其实仍在狱中。"

别人对自己的囚禁终会有释放的一天,而自己对自己的囚禁却不一定有刑满的一天。有时候,忘却是一剂拯救心灵的配方,能融化心中的锁链,打开封闭的心门。如果自己不拯救自己,只一味抱怨,别人说再多鼓励的话也是废话,想再多出路也是死路。抱怨就像海水,你喝得越多,就越觉得口渴难耐。

一个人在他20多岁时因为被人陷害,在牢房里待了10年,后来冤案告破,他终于走出了监狱。出狱后,他开始几年如一日地反复控诉、咒骂:"我真不幸,在最年轻有为的时候竟遭受冤屈,在监狱度过本应最美好的一段时光。那个地方简直不是人待的地方,狭窄得连转身都困难,唯一的窄小的窗口几乎看不到阳光。冬天寒冷难忍,夏天蚊虫叮咬……真不明白,上帝为什么不惩罚那个陷害我的家伙!即使将他千刀万剐,也难消我心头之恨!"

75岁那年,他贫病交加,卧床不起。弥留之际,牧师来到他的床边说:"可怜的孩子,去天堂之前,忏悔您在人世间的一切罪恶吧……"

牧师的话音刚落,病床上的他声嘶力竭地叫喊起来:"我没有什么需要忏悔,我需要的是诅咒,诅咒那些施予我不幸命运的人……"

牧师问:"您因受冤屈在监狱待了多少年?离开监狱后又生活了多少

年?"他恶狠狠地将数字告诉了牧师。

牧师长叹了一口气:"可怜的人,您真是世上最不幸的人,对您的不幸,我真的感到万分同情和悲痛!他人囚禁了你区区10年,而当您走出监牢,本应获取永久自由的时候,您却用心底里的仇恨、抱怨、诅咒囚禁了自己整整40年!"

在生活中一次次的磨难和碰壁后,奋发的热情和激情会被无情地"自我设限"。你开始对失败惶恐不安,却又习以为常;动摇了信心和勇气,渐渐地开始懦弱、犹豫、害怕承担责任,不思进取。这些裹足不前的意识渐渐地捆绑住你,让你陷入自我的套子里无力自拔,久而久之,你就失去了创造热情,再也奋发不起来了。其实过多的顾虑是没有必要的,人本身具有巨大的潜能,只要你勇敢地发掘,你就会发现,原来事情并没有自己想象的那样可怕,成功的大门是向所有人敞开的。

一个人的性格,往往或在大胆中蕴涵了鲁莽,或在谨慎中伴随着犹豫,或在聪明中体现了狡猾,或在固执中折射出坚强,但无论如何,宽心都会赋予人们一种完美的色彩。宽心是一种健康的安身立命哲学,也是一种良好的人生态度。

别让烦恼绊住双脚

一个人具有什么样的心态,就可以成为一个什么样的人,拥有一个什么样的人生;一个人相信会有什么结果,就会往什么结果偏向,就可能会有什么结果。所以,人可以通过改变自己的心境来改变自己的人生。对于身处逆境中的人来说更是如此。

有一位经营服装批发的商人,由于经营不慎,赔了几笔生意,为此他整天心情郁闷,每天晚上都睡不好觉。妻子见他愁眉不展的样子十分担心,就建议他去找心理医生看看,于是他前往医院去看心理医生。医生见他双眼布满血丝,便问他:"怎么了,是不是受失眠所苦?"商人说:"可不是吗!"心理医生开导他说:"这没有什么大不了的!你回去后如果睡不着就数数绵羊吧!"商人道谢后离去了。

过了一个星期,他又来找心理医生。他双眼又红又肿,精神更加不振了,心理医生非常吃惊地说:"你是照我的话去做的吗?"商人委屈地回答说:"当然是呀!还数到三万多头呢!"心理医生又问:"数了这么多,难道还没有一点睡意?"商人答:"本来是困极了,但一想到三万多头绵羊有那么多毛不剪岂不可惜?就睡不着了。"心理医生于是说:"那剪完不就可以睡了?"商人叹了口气说:"但头疼的问题来了,这三万多头羊的羊毛所制成的毛衣,现在要去哪儿找买主呀?一想到这儿,我更睡不着了!"

无论做人还是做事,我们都要想得长远一些。这位经营服装批发的商人,若是想到他以后还有那么长的人生之路要走,无须在意这么多无谓的事情，故事的结局就不会是这样的了。有些事想得太远，就会形成太多的压力，烦恼也会随之而来，因此我们要学会静心，不牵挂那些不该牵挂的事情，这样才能轻松快乐。有些时候，并不是烦恼在追着你跑，而是你追着它不放。世上本无事，庸人自扰之。大凡终日烦恼的人，实际上并不是遭遇了多大的不幸，而是自己的内心对生活的认识存在着片面性。真正聪明的人即使处在令人烦恼的环境中，也能够自己寻找快乐。

伟大的心理学家阿德勒一生都在研究人类的潜能，他曾经宣称他发现了人类最不可思议的特性——"人具有一种反败为胜的力量"。这种力量是每个人都拥有的，如果你不满意自己的现状，想改变它，那么请改变你自己的心态，让心灵始终处在阳光下。如果你有了积极的心态，能够积极乐观地改善自己的环境和命运，那么你周围所有的问题都会迎刃而解。

战时，汤姆森太太的丈夫到一个位于沙漠中心的陆军基地去驻防。为了能经常与他相聚，她搬到基地附近去住。

那实在是个可憎的地方，她简直没见过比那更糟糕的地方。她丈夫出外参加演习时，她就只好一个人待在那间小房子里。那儿热得要命——仙人掌阴影下的温度都高得吓人，没有一个可以谈话的人。风沙很大，到处是沙子。

汤姆森太太觉得自己倒霉透了，觉得自己很可怜，于是她写信给她父母，告诉他们她放弃了，准备回家，她一分钟也不能再忍受了，她宁愿去坐牢也不想待在这个鬼地方。她父亲的回信只有三行，这三句话常常萦绕在她的心中，并改变了汤姆森太太的一生：有两个人从铁窗朝外望去，一个人看到的是满地的泥泞，另一个人却看到满天的繁星。

她把父亲的这几句话反复念了多遍，忽然间觉得自己很笨，于是她决定找出自己目前处境的有利之处。她开始和当地的居民交朋友，他们都非常热心，当汤姆森太太对他们的编织和陶艺表现出极大兴趣时，他们会把那些舍不得卖给游客的心爱之物送给她。她开始研究各种各样的仙人掌，顶着太阳寻找土拨鼠，观赏沙漠的黄昏，寻找300万年以前的贝壳化石。

她发现的这片新天地令她既兴奋又刺激。于是她开始着手写一本小说，讲述她是怎样逃出了自筑的牢狱，找到了美丽的星辰。

汤姆森太太成了一个快乐的人，她终日保持着微笑，也因此赢得了当地人的喜爱。

是什么给汤姆森太太带来了如此惊人的变化呢？原因就在于她自己内心的改变。她改变了自己的消极观念，开始去尝试发现生活中的美好，也正是这种改变使她有了一段精彩的人生经历。生活中一些愿望得不到实现时，人难免会产生负面的情绪。如果感到不快乐，那么不妨仔细想一下，能不能换一种积极的心态？

历史的长河汹涌澎湃，短暂的几十年时间也不过是转个弯而已，却已是整个人生。这样短暂的生命，我们是用来烦恼，把自己和烦恼牢牢捆绑在一起，还是用来享受，轻松地面对输赢，微笑面对挑战？答案似乎不言而喻。同样是生活，为什么要被烦恼囚禁，放不开手脚？即便踢球踢不过一般人，唱歌经常跑调跑得拉不回来，这又怎么样？谁说有点小缺陷就不能踢球，就不能唱歌？

再苦也要笑一笑

如果一个人在不惑之年，经过一次意外事故被严重烧伤，4年后又在一次坠机事故中致使腰部以下全部瘫痪，很难想象他的日子该怎么过。我们很难把这样一个人与百万富翁、公共演说家、企业家联系在一起，也很难想象他还能泛舟、跳伞、竞选……活得这么高调。这个顽强不屈的人就是米歇尔。

在经历了两次可怕的意外事故后，米歇尔的脸因植皮而变成一块"彩色板"，手指没有了，双腿细小，无法行动，他只能瘫痪在轮椅上。第一次意外事故把他身上65%以上的皮肤都烧坏了，为此他动了16次手术。手术后，他无法拿起叉子，无法拨电话，也无法一个人上厕所，但曾是海军陆战队员的米歇尔从不认为自己被打败了。他说："我完全可以掌控自己的人生之船，我可以选择把目前的状况看成倒退或是一个新起点。"6个月之后，他竟又能开飞机了！

米歇尔为自己在科罗拉多州买了一幢维多利亚式的房子，另外也买了房地产、一架飞机及一家酒吧，后来他和两个朋友合资开了一家公司，专门生产以木材为燃料的炉子，这家公司后来获得了成功。4年后，米歇尔所开的飞机在起飞时又摔回跑道，把他的胸椎全压得粉碎，他永远瘫痪了。

米歇尔仍不屈不挠，努力使自己达到最大限度的自主。后来，他被选为科罗拉多州孤峰顶镇的镇长，保护小镇的环境，使之不因矿产的开采而遭受破坏。米歇尔后来还竞选国会议员，他用一句"不只是另一张小白脸"作为口号，将自己难看的脸转化成一项有利的资产。

后来，米歇尔坠入爱河且完成终身大事，他还拿到了硕士学位，并持续他的飞行活动、环保运动及公共演说。米歇尔坦然面对自己失意的态度使他赢得了人们的尊敬。

米歇尔说："我瘫痪之前可以做1万件事，现在我只能做9000件，我可以把注意力放在我无法再做的1000件事上，或是把目光放在我还能做的9000件事上。我的人生曾遭受过两次重大的挫折，而我不能把挫折当成放弃努力的借口。或许你们可以用一个新的角度，看待一些一直让你们裹足不前的经历。你们可以想开一点，然后，你们就有机会说：'或许那也没什么大不了的！'"

月有阴晴圆缺，人生也是如此。情场失意、朋友失和、亲人反目、工作不得志……类似的事情总会不经意纠缠你，令你的心情跌至低谷。其实，生活中的低谷就像是行走在马路上遇到红灯一样，你不妨以一种平和的心态坦然面对，不妨把心放宽，没什么大不了的，放松下来，为绿灯时更好地行走打下基础。

不要幻想生活总是那么顺风顺水，也不要幻想人生的大树会四季常青，每个人的一生都注定要品尝苦涩与无奈，不论你过得有多苦，也不要忘记微笑。

漫漫旅途中，失意并不可怕，受挫也无须忧愁。艰难险阻是人生对你另一种形式的馈赠，坑坑洼洼也是对你意志的磨砺和考验。落英在晚秋凋零，来年又灿烂一片；黄叶在秋风中飘落，春天又焕发出勃勃生机；失意在所难免，权且把心放宽，付之一笑。能够这样做何尝不是一种达观，一种洒脱，一份人生的成熟，一份人情的练达？

人是要经过磨炼的，不经过反复的磨炼，就会使自己永远停留在原始的状态，无论在怎样的环境里都要精心琢磨，否则就不可能改变自己的人生，创造自己的价值。"一苦一乐相磨炼，炼极而成福者，其福始久；一疑一信相参勘，勘极而成知者，其知始真。"

懂得了微笑，学会了洒脱，我们才不至于对生活求全责备，才不会在受挫之后彷徨失意。洒脱是一种思想上的轻装，洒脱是一种目光的超前，洒脱是宽心的智慧。有洒脱才不会终日郁郁寡欢，有洒脱才不觉得人生活得太累。

只要心中的信念没有萎缩，即使冷风凄厉，即使大雪纷飞，也阻碍不了你飞扬的灵魂。

不要将抱怨当做习惯

不管走到哪里，你都能发现许多"才华横溢的失业者"。当你和这些失业者交流时，你会发现，这些人对原有工作充满了抱怨、不满和谴责。要么就怪环境条件不够好，要么就怪老板有眼无珠不识才，总之，牢骚一大堆，积怨满天飞。殊不知，这就是问题的关键所在——抱怨的恶习使他们丢失了责任感和使命感，只对寻找不利因素兴趣十足，从而使自己发展的道路越走越窄，在自己的抱怨声中不断退步。

我们可以发现，几乎在每一个公司里，都有"牢骚族"或"抱怨族"。他们每天轮流把"枪口"指向公司里的任何一个角落，埋怨这个、批评那个，而且从上到下，很少有人能幸免。他们的眼中处处都能看到毛病，因而处处都能看到或听到他们的批评、发怒或抱怨。本来他们可能只是想发泄一下，但后来却一发而不可收拾。他们理直气壮地数落别人如何对不起他们，自己如何受到不公平待遇等，牢骚话越讲越多，使得他们也越来越相信，自己完全是遭受别人践踏的牺牲品。

事实上，你很难找到一个成功人士会经常大发牢骚、抱怨不停，因为成功人士都明白这样的道理：抱怨如同诅咒，越抱怨越退步。

李强在一家电器公司担任市场总监，他原本是公司的生产工人。那时，公司的规模不大，只有30多人，有许多市场有待开发，而公司又没有足够的财力和人力，所以，每个市场只能派去一个人，李强被派往西部的一个市场。

李强在那个城市里举目无亲，生活很窘迫。他租了一间破旧的地下室，晚上只要电灯一关，屋子里就有老鼠"载歌载舞"。没有钱坐车，他就步行去拜访客户，为了等待约好见面的客户，常常顾不上吃饭。

那个城市的气候也不好，春天沙尘暴频繁，夏天时常暴雨，冬天天气寒冷，这对于李强来说简直就是一个巨大的考验。公司提供的条件太差，远不如李强想象的那样舒适。有一段时间，公司连产品宣传资料都供应不上，好在李强写得一手好字，自己花钱买来复印纸，用手写宣传资料。在这样艰苦的条件下，不抱怨几乎是不可能的，但每次抱怨时，李强都会对自己说："开拓市场是我的责任，抱怨不能帮助我解决任何问题，相反，只会妨碍我前进的速度。"于是，他选择坚持下来。

一年后，派往各地的营销人员中有很多人早已不堪忍受工作的艰辛而离职了，而李强凭着自己优秀的业绩当上了公司的市场总监。

在如此恶劣的环境下，李强很清醒地选择对自己的工作尽职尽责，而不是抱怨，最终，使他在进步的阶梯上得到了飞速发展。

一个人无论在生活中还是在工作中，都应当放宽心、少抱怨，尊重自己的工作，尽自己的最大努力去争取进步，好工作不是挑出来的，而是干出来的。

抱怨会让人迷失心智，找不到工作的乐趣，也无法融入工作氛围中，那么也就没有好的工作成效，所以，任何一个聪明的人都会选择不去抱怨自己的工作。

生活中的事是不公平的，但又是公平的，它给我们每个人同样多的机会，它永远遵循社会发展变化的规律性，关键在于人会不会开阔自己的胸怀。当你为一件小事而郁闷的时候，为遭遇到别人的冷眼而放弃的时候，在新的东西出现的时候因恐惧而不去做的时候，你可能就失去了很多原应属于你的机会。

我们没有必要总抓着生活中一些小事不放手，看到一朵花、一棵草甚至于一滴水都觉得那么伤感，日复一日、年复一年地思考一个同样的问题，却永远缕不出头绪，也找不到答案。何苦执著于那些虚幻的琐事，平添伤感，暗自愁闷？心就是一个人的翅膀，心是幸福的载体，心有多宽，幸福的空间就有多大，生命施展的舞台就有多大。

与其怨天尤人，不如静候时来运转

电视剧《好想好想谈恋爱》中有这样一段剧情，女主人公谭艾琳和男朋友伍岳峰分手之后，巨大的伤痛让她几乎崩溃，她将自己所有的情绪都用来抱怨：

"你现在打死伍岳峰他也不会明白，其实最受损失的是他，而不是我。我是他生命中唯一的一次爱情机会，他错失了，他以后再也没有机会了，他以为天底下有几个谭艾琳？他真是有眼无珠，他以后只有哭的份儿了，这就叫过了这村就没这店了，他肠子都得悔青了。"

"有的男人对我来说重如泰山，有的轻如鸿毛。伍岳峰就是鸿毛。我像扔个酒瓶似的把他彻底打碎了，他根本不懂女人，离开他是我的幸运和解脱，他将永远处处碰壁，对，碰壁，碰得头破血流。而我经过他历练，炉火纯青，笑到最后的是我。他完蛋了，他会一蹶不振，追悔莫及，太好了。"

诸如此类的抱怨她几乎如同潮水一样倾倒给自己所有的朋友，直到有一天，朋友实在忍受不住她的抱怨："你已经唠叨了一个星期了。说实话我听得已经有点儿头晕耳鸣了，再听下去我会疯掉的。"于是，在之后的日子中，谭艾琳与同样失恋的男人章月明一起倾诉自己的不幸，在章月明的不断抱怨中，谭艾琳自己渐渐开始沉默，直到有一天她也听够了，大喊道："别说了，太无聊了，一个男人或一个女人一辈子愤怒的是爱情，谩骂的是爱情，得意的是爱情，沮丧的还是爱情，一辈子就忙活爱情吗？你别再跟我唠叨了，我受够了。别人没有义务承担你感情的后果，这是你应该自己解决的问题，你爱一个人就是愿打愿挨的事，没有人逼你，知道吗？敢做就得敢当。"

的确，就像谭艾琳那样不断抱怨的时候，可能对于自己已经成为别人眼中的"怨妇"毫无知觉，可当看到另一个人如同自己一样整天抱怨的时候，就会突然觉醒，发现原来自己竟是如此可怜、可悲，在别人的事情中看到了自己的影子，也可能会突然觉得如此抱怨多么可笑不堪。

生活中，我们常常以为自己通过抱怨可以博得别人的同情，但就像鲁迅笔下的祥林嫂一样，不幸的事情在别人的耳朵里已经长茧，当初的同情也可能化成别人茶余饭后的笑柄。

当一个人开始抱怨的时候，他能想到的只是自己当初如何的不幸，才造成如今的结果，越想越伤心，越想越生气，当这种情绪不断蔓延的时候，根本没有心情去做别的事情。这种抱怨不仅不能让你的人生时来运转，也不会改善你的生活，反而会扼杀你创造更好的发展条件的机会。

一天，孔雀向天神抱怨。她说："天神，我不是无理取闹，您赐给我的歌喉，没有任何人喜欢听，可您看那黄莺小精灵，唱出的歌声婉转，它独占春光，风头出尽。"天神听到如此言语，严厉地批评道："你赶紧住嘴，嫉妒的鸟儿，你看看你脖子的四周，如一条七彩丝带。当你行走时，舒展的华丽羽毛，出现在人们面前，就好像挂着色彩斑斓的珠宝。你是如此美丽，你难道好意思去嫉妒黄莺的歌声吗？和你相比，这世界上没有任何一种鸟能像你这样受到别人的喜爱。一种动物不可能具备世界上所有动物的优点。我们赐给大家不同的天赋，有的天生长得高大威猛；有的如鹰一样勇敢；有的如猫一样敏捷。大家彼此互补，各司其职，所以我奉劝你去除抱怨，不然的话，作为惩罚，你将失去你美丽的羽毛。"

抱怨是世上最没有价值的事情。今天抱怨这个，明天抱怨那个，仿佛一刻不说抱怨的话，我们就感受不到心理的平衡。可是如果一味地去抱怨自身的处境，对于改善处境没有丝毫益处，只有先静下心来分析自己，并下定决心去改变现状，付诸行动，它才能向你所希望的方向发展。如果有两个同样遭遇的人，一个人在事发后将抱怨的时间用来努力改善自己的生活，而另一个仍以喋喋不休的抱怨赚取别人的同情，那么，一年后坐在咖啡厅里悠闲地喝下午茶的人一定是前者。

记住，苦难永远不会因为你的抱怨而消失，所以，当我们苦闷的时候可以尝试着放松心情，暗示自己这是很正常的事情，没什么大不了的，也可以适当地倾诉，但是不能将心情一直沉浸在不幸的事情上。充满信心，昂首挺胸地迎接生活的挑战才是打好胜仗的前提条件。人生处处都有希望，只要你想去做、尽力做，就能做得更好。

突破心的"鱼缸",收获"大海"的广阔

有一条鱼在很小的时候被捕上了岸,渔人看它太小,而且很美丽,便把它当成礼物送给了女儿。小女孩把它放在一个鱼缸里养了起来,每天这条鱼游来游去总会碰到鱼缸的内壁,心里便有一种不愉快的感觉。

后来鱼越长越大,在鱼缸里转身都困难了,女孩便给它换了更大的鱼缸,它又可以游来游去了。可是每次碰到鱼缸的内壁,它畅快的心情便会暗淡下来,它有些讨厌这种原地转圈的生活了,索性静静地悬浮在水中,不游也不动,甚至连食物也不怎么吃了。女孩看它很可怜,便把它放回了大海。

它在海中不停地游着,心中却一直快乐不起来。一天它遇见了另一条鱼,那条鱼问它:"你看起来好像闷闷不乐啊!"它叹了口气说:"啊,这个鱼缸太大了,我怎么也游不到它的边!"

我们有时候是不是就像那条鱼呢?在鱼缸中待久了,心也变得像鱼缸一样小了,不敢有所突破。即使有一天,到了一个更为广阔的空间,却发现自己已变得狭小的心反倒无所适从了。只有开放自己的胸怀,正视周围的环境,才能赢得世界的挑战。

开放的心自由自在,可以飞得又高又远;而封闭的心像一池死水,永远没有机会进步。如果你的心过于封闭,不能接纳别人的建议,就等于,永远活在黑暗中。要知道褊狭就像一把利刃,会切断许多机会及沟通的管道。

有两个巫师的孩子,从小就生活在幽暗的古堡中,成天见不到一丝阳

光,它们十分渴望外面的灿烂阳光。有一天,王子的军队攻下了这个古堡,囚禁了巫师,给在黑暗中生活的人们以自由。兄弟俩商量说:"我们可以一起把外面的阳光扫一点进来。"于是,兄弟两人拿着扫帚畚箕,到阳台上去扫阳光。他们一而再、再而三地扫了许多次,屋内还是一点阳光都没有。他们只好去找王子。

兄弟两个站在那儿半天不敢说话。最后王子问道:"你们在做什么?"

"房间太暗了,我们想扫点阳光进来。"

王子笑道:"只要把窗户打开,阳光自然会进来,何必去扫呢?"

有的人总是习惯于埋藏自己、封闭自己,将心门关得死死的。其实,把心灵的窗户打开,外面的阳光就会照射进来;把封闭的心门敞开,灿烂的阳光就能驱散人性中的阴霾。

开放,是一种心态、一种个性、一种气度、一种修养;是对自己的专业和周围的世界都怀有强烈的兴趣,喜欢钻研和探索;是热爱创新,不墨守成规,不故步自封、不固执僵化;是乐于和别人分享快乐,并能抚慰别人的痛苦与哀伤;是谦虚,承认自己的不足,并能乐观地接受他人的意见,而且非常喜欢和别人交流;是乐于承担责任和接受挑战;是具有极强的适应性,乐意接受新的思想和新的经验,能够迅速适应新的环境;是坚强的心胸,敢于面对任何的否定和挫折,不畏惧失败……

>>> 第二章

幸福不是拥有得多，而是计较得少

人的一生总会遇到各种各样的不幸，你可以有"逝者如斯夫"的感怀，可以有"西风独自凉"的惆怅，可以有"一江春水向东流"的愁伤……但是，情怀抒发了就好，不必太斤斤计较，过多的欲望会吞没你的幸福，知足才能常乐。

不算小账，不计得失

从前，有父子二人，性格都非常倔犟，生活中从来不对人低头，也不退让人。一日，家中来了客人，父亲命儿子去集贸市场买肉。儿子拿着钱在屠夫处买了几斤上好的肉，用绳子绑好转身回家，来到城门时，迎面碰上一个人，双方都寸步不让，也坚决不避开对方，于是，就面对面地挺立在那儿，僵持了很久。

日已正中，家中还在等肉下锅待客，做父亲的不由得焦急起来，便出门去寻找买肉未归的儿子。刚到城门处，看见儿子还僵立在那儿，半点也没有让人的意思。父亲心下大喜：这真是我的好儿子，性格刚直如此，又大怒：那个算老几，竟敢在我父子面前如此放肆。他蹿步上前，大声说道："好儿子，你先将肉送回去，陪客人吃饭，让我站在这儿与他比一比，看谁撑得过谁？"

话音刚落，父亲与儿子交换了一下位置，儿子回家去烹肉煮酒待客，父亲则站在那个人的对面，如怒目金刚般挺立不动，惹得众多的围观者大笑不止。

这个故事很可笑，却告诉我们：生活中需要退让，这样才不会因小失大。

退让不是一味地忍让，而是另一种形式的向前。如果对峙的两人都能这么想的话，双方自然不会踩到彼此，彼此之间的道路就变宽了，两人也便能够保持友善的关系，总好过仇人见面分外眼红。

屠格涅夫比托尔斯泰大10岁，1855年两人相识，多有来往。一次屠格涅夫写完一篇小说，请托尔斯泰来家里做客，午餐后，拿出小说叫他看。糟糕的是托尔斯泰看着小说竟睡着了，这叫屠格涅夫心中十分不高兴。第二天，两人又应邀到一个诗人朋友家做客。屠格涅夫情性爽快，在谈论到与穷人接触的话题时，他对做英国教师的女儿大加赞扬，并言明如何教导女儿。这时，托尔斯泰不合时宜地评论说："我设想一个穿着华丽的小姐，膝上放着穷人又脏又臭的破烂衣服，犹如在表演一幕不真实的舞台剧。"屠格涅夫听罢，怒发冲冠，对托尔斯泰吼叫："这么说是我把女儿教坏了？"两人恶语相向，并相互揪住对方扭打在一起。聚会不欢而散。从此，两人开始断交。这一断就是17年。事情要解决总要有一个人先让步，只要有一个人肯迈出第一步，那剩下的99步谁来走，怎么走就都不重要了。

1878年，托尔斯泰在经历了长期的内疚和不安后，主动写信给屠格涅夫表示道歉。他写道："我对您没有任何敌意，谢谢上帝，但愿您也是这样。我知道您是善良的，请您原谅我的一切！"

屠格涅夫立即回信说："收到您的信，我深受感动。我对您没有任何敌对情感，假如说过去有过，那么早已消除——只剩下了对您的怀念。"一场积聚多年的冰雪终于化解了。不过，此后不久，另一件事又差点使他们的关系再次陷入危机。幸运的是，吃一堑长一智，他们这次都知道如何处理了。这一年，在托尔斯泰的盛情邀请下，屠格涅夫到勃纳庄园做客。期间，托尔斯泰请客人一起去打猎。屠格涅夫瞄准一只山鸡，"砰"地开了一枪。

"打死了吗？"托尔斯泰在原地喊道。

"打中了！您快让猎狗去捡。"屠格涅夫高兴地回答。猎狗跑过去之后很快便回来了，却一无所获。

"说不定只是受了伤，"托尔斯泰说，"猎狗不可能找不到。"

"不对！我听得清清楚楚，山鸡'啪'的一声掉下去，肯定死了。"屠格涅夫坚持说。

他们虽然没有吵架，但山鸡失踪无疑给两个人带来了不快之感，仿佛二人之中有一个说了假话。可是，这一次他们都意识到不应再争执下去，便把话题转向别处，尽量在愉快的消遣中打发时光。当天晚上，托尔斯泰悄悄地吩咐儿子再去仔细搜索。事情终于弄清楚了：山鸡的确被屠格涅夫一枪打中了，不过正好卡在了一枝树杈上面。当孩子把猎物带回来时，两位老朋友简直开心得像孩童一般，相视大笑。

人与人出现矛盾时，正确的做法应是互谅互让，相互理解、相互尊重，尤其是在与人讨论、交谈时，对于别人的见解不应轻易否定，即使其见解与你相左，也不要用锋芒相对的争辩去处理。

要善于发现别人见解的正确性，别总算小账，计得失，只有这样，才能多角度地看问题，才会发现一味固守自己的思维定式，有时显得是多么的无知和可笑，因此，无论何时都要注意，别听到不同的观点就嗤之以鼻。真理不可能永远栖息在你身旁，武断、盲目地坚持自己只会惹来更多的矛盾。这在人际交往中，不是一个明智的做法。交际的修养也表现在退让上，宽大的胸襟和淡定的包容一定会让你拥有无敌的竞争力。

凡有争论，双方几乎都各有言之成理的论点，因此，如果你显然无法令对方改变心意，对方也显然无法说服你，就应该立刻罢手。切记"一言既出，驷马难追"，以免造成无法补救的伤害。想避免出现僵局，一种有效的办法是说句"我们两人都是对的"，然后再转向比较安全的话题。

不管什么情况，无谓的争执都是浪费时间。道路狭窄时退一步，不算小账，不计得失，即得人生宽境。只要能避免徒劳无功的争执，人人都是赢家。

谎言在左,幸福在右

孔子说为人处世,"信"是很重要的,就像轴承和托架对车辕辘的重要。信,乃人性的底线、品格的基石,失去了信义,一切将不复存在。

人生不能没有诚信,离开了诚信往往就会失去幸福、机遇、快乐,下面这个例子正说明了这点。

一个健康、英俊、机敏……几乎完美的人死去了,上帝安排他进地狱,他不服,要求入天堂,于是他找到了上帝理论。

上帝笑了笑,问:"你有什么条件可以进入这极乐的天堂?"

这个人于是把他所有的东西统统抖出来,带着炫耀的口气,反问:"所有这些,难道不足以使我去天堂吗?"

"难道你不知道你缺少进入天堂的最重要的一种东西吗?"上帝并不恼怒。

这个人嘿嘿地笑着:"你已经看到了,我什么都有,我完全应该进入天堂。"

"你忘了你曾经抛弃了一件最重要的东西,"上帝面对这个恬不知耻的人,有一点不耐烦,便直截了当地提醒他,"在人生渡口上,你抛弃了一个人生的背囊,是不是?"

这个人想起来了:年轻时,有一次乘船,不知过了多久,风起云涌,小船险象环生。老艄公让他抛弃一样东西。他左思右想,英俊、金钱、荣誉……他舍不得。最后,他抛弃了"承诺"。但是他不服:"难道仅仅因为我没有'承诺',就该进入可怕的地狱吗?"

上帝变得很严肃："那么，之后你做了些什么？"鬼魂回想着：那次他回家后，答应母亲要好好地照顾她，答应妻子永远不会背叛她，答应朋友要一起做一番事业。后来，后来……他回想着，自己在外面有了情人，母亲劝阻他，他对母亲却再也不闻不问，他不允许母亲破坏他的"幸福"；他和朋友做生意，最后却私吞了朋友那一份……

上帝看着陷入沉思的他，说："想起来没有？由于不守承诺，你做了多少背信弃义的勾当。天堂是圣洁的，怎么能容你这卑污的鬼魂？"

他沉默了，他不是无所不有，而是一无所有，亲情、友情、爱情……统统随承诺而去。他，一个卑污的鬼魂，只能下地狱！

"下地狱去吧！"上帝说完便头也不回地离开了。

人活一世，不可以轻易许下诺言，必须深思熟虑自己能否做到。如果许下诺言，就一定要去实现它，这是在社会立足的根本。如果一个人一再违背自己的诺言，就没有人会相信他，在别人眼里他也就成了一个十足的小人。

自己许下的诺言，就要坚持遵守它，并且以行动捍卫它。信口开河、言而无信，只会让自己失去做人的从容与真挚，同时失去别人的心。

汉朝时，张劭和范式同在太学学习，二人脾气相投，结拜为兄弟，后来两人分别返乡，张劭与范式约定第二年重阳将到范式家拜见他的父母，看看他的孩子。当约好的日期快到的时候，范式把这件事告诉他母亲，请他母亲准备酒菜招待张劭。

然而，范式左等右等，直到太阳西坠，新月悬空，仍不见张劭来赴约，母亲问：你们分别已经快两年了，相隔千里，你就那么的相信他吗？范式回答：张劭是一个讲信用的人，他一定不会违约的。范式一直候在门外，直至深夜时分，才见一黑影隐隐飘然而至，仔细一看，来的却是张劭的鬼魂。原来为了养家，张劭忙于经商，不知不觉忘了二人重阳之约，直到当日早上才回想起来。可是从张劭所在的山阳到这里足有一千里路，一天之内无论如何都走不到了。为了守约，他想起古人曾说过：人不能一日千里，而鬼魂可以。于是挥刀自刎，让鬼魂来赴这次约。

"请兄弟原谅我的疏忽。看在我一片诚心上，你去山阳见一见我的尸体，那我死也瞑目了。"张劭的鬼魂话说完，就飘走了。而范式在赶到山阳见了张劭灵柩后，自愧张劭为己而死，也挥刀自刎来回报张劭的信义！众人惊愕不已，后来就把二人葬在了一起。汉明帝听说此事，非常赞赏二人互相之间的真诚与心意，在他们墓前建了一座庙，称为"信义祠"。

因为诚信，张、范两人万世受后人所尊敬。诚信，就好像是人生的保护色。一个拥有诚信的人，他的人生将发出耀眼、灿烂的光芒。诗人海涅曾说："生命不可能从谎言中开出灿烂的鲜花。"谎言会埋没一个人的良知，让一个人从此失去他人的信任，生命因而变得暗淡无光。生活中，我们需要真诚面对生活的态度。一个人在开始追求自己的事业时，如果能下定决心，将自己的诚信当做事业的资本，做任何事都要求自己不违背诚信原则的话，那他在日后即使不一定功成名就，也肯定不至于一败涂地。反之，一个在事业征途中失掉诚信的人，则永远不能成就真正伟大的事业。

活在当下

古希腊学者库里希坡斯曾说:"过去与未来并不是'存在'的东西,而是'存在过'和'可能存在'的东西。唯一'存在'的是现在。"

有个小和尚,每天早上负责清扫寺院里的落叶。清晨起床扫落叶实在是一件苦差事,尤其在秋冬之际,每一次起风时,树叶总随风飞舞。每天早上都需要花费许多时间才能清扫完树叶,这让小和尚头痛不已,他一直想要找个好办法让自己轻松些。

后来有个和尚跟他说:"你在明天打扫之前先用力摇树,把落叶统统摇下来,后天就可以不用扫落叶了。"小和尚觉得这是个好办法,于是隔天他起了个大早,使劲猛摇树,这样他就可以把今天跟明天的落叶一次扫干净了。一整天小和尚都非常开心。

第二天,小和尚到院子里一看,不禁傻眼了,院子里如往日一样满地落叶。老和尚走了过来,对小和尚说:"傻孩子,无论你今天怎么用力,明天的落叶还是会飘下来。"小和尚终于明白了,世上有很多事是无法提前的,唯有认真地活在当下,才是最真实的人生态度。

有的人的一生是这么度过的:年轻的时候,他拼了命想挤进一流的大学;随后,他巴不得赶快毕业找一份好工作;接着,他迫不及待地结婚、生小孩;然后,他又整天盼望小孩快点长大,好减轻他的负担;后来,小孩长大了,他又恨不得赶快退休;最后,他真的退休了,不过,他也老得几乎连路都走不动了……当他正想停下来好好喘口气的时候,生命也快要结束了。

其实，这不就是大多数人的写照吗？他们劳碌了一生，时时刻刻为生命担忧，为未来做准备，一心一意计划着以后发生的事，却忘了把眼光放在"现在"，等到时间一分一秒地溜过，才恍然大悟，发现"时不我予"。

智者常劝世人要"活在当下"。到底什么叫做"当下"？简单地说，"当下"指的就是现在，而事实上，大多数的人都无法专注于"现在"，他们总是若有所思，心不在焉，想着明天、明年甚至下半辈子的事。假若时时刻刻都将力气耗费在未知的未来，却对眼前的一切视若无睹，就永远也不会得到快乐。一位作家这样说过："当你存心去找快乐的时候，往往找不到，唯有让自己活在'现在'，全神贯注于周围的事物，快乐才会不请自来。"或许人生的意义，不过是嗅嗅身旁每一朵绚丽的花，享受一路走来的点点滴滴而已。毕竟，昨日已成历史，明日尚不可知，只有"现在"才是上天赐予我们最好的礼物。

许多人想要早一步解决掉明天的烦恼。其实，明天如果有烦恼，你今天是无法解决的，每一天都有每一天的人生功课要做，努力做好今天的功课再说吧！只要我们能用平常的心对待每一天，我们才能理解生活和快乐的真正含义！

温饱无虑便是幸事

人很多时候是很贪心的，就像很多人形容的那样：吃自助的最高境界是——扶墙进，扶墙出。进去扶墙是因为饿得发昏，四肢无力，而扶墙出则是因为撑得路都走不了。人愿意活受罪是因为怕吃亏。有些时候，人总是对自己不满，这也是因为太贪心，什么都想得到。

很多人常常对自己的生活不够完美而发牢骚，他们觉得自己的个子不够高、身材不够好，自己的房子不够大，自己的工资不够高，自己的老婆不够漂亮，自己在公司工作了好几年了却始终没有升职……总之，他们对于自己拥有的一切都感到不满，觉得自己不幸福。真正不快乐的原因是不知足。一个人不知足的时候，即使有金屋银屋摆在面前的时候也不会快乐，一个知足的人即使住在茅草屋中也会快乐的。一个人拥有总比没有好多了。

剑桥教授安德鲁·克罗斯比常说：真正的快乐是内心充满喜悦，是一种发自内心对生命的热爱。不管外界的环境和遭遇如何变化，都能保持快乐的心情，这就需要一种知足的心态。知足者常乐，因为对生活知足，所以他会感激上天的赠予，用一颗感恩的心去感谢生活，而不是总抱怨命运不够照顾自己。

小李9岁那年一场高烧后，左眼就看不见东西了。他爹娘顿时泪流满面，一个独生的儿子瞎了一只眼睛可怎么办呀！没料小李却说自己左眼瞎了，右眼还能看得见呢！总比两只眼都瞎了要好！比起世界上的那些双目失明的人，自己不是要强多了吗？儿子的一番话，让爹娘停止了流泪。

小李的家境不好，爹娘无力供他读书，只好让他去私塾里旁听。他的爹娘为此十分伤心，小李劝道："我如今也已识了些字，虽然不多，但总比那些一天书没念，一个字不识的孩子强多了吧！"爹娘一听也觉得安然了许多。

小李娶了个嘴巴很大的媳妇。爹娘又觉得对不住儿子，小李却说和世界上的许多光棍汉比起来，自己是好到天上去了！这个媳妇勤快、能干，可脾气不好，把婆婆气得心口作疼。小李劝道："天底下比她差得多的媳妇还有不少。媳妇脾气虽是暴躁了些，不过还是很勤快，又不骂人。爹娘一听真有些道理，怄的气也少了。"

小李的孩子都是闺女，于是媳妇总觉得对不起他们家，小李说："世界上有好多结了婚的女人，压根儿就没有孩子，等日后老了，5个女儿女婿一起孝敬咱们多好！比起那些虽有儿子几个，却妯娌不和，婆媳之间争得不得安宁要强得多！"

小李家贫寒得很，妻子实在熬不下去了，便不断抱怨。小李说："比起那些拖儿带女四处讨饭的人家，饱一顿饥一顿，还要睡在别人的屋檐下，弄不好还会被狗咬一口，就会觉得日子还真是不赖。虽然没有馍吃，可是还有稀饭可以喝，虽然买不起新衣服，可总还有旧的衣裳穿，房子虽然有些漏雨的地方，可总还是住在屋子里边，和那些讨饭维持生活的人相比，咱家可以算是天堂了。"

小李老了，想在合眼前把棺材做好，然后安安心心地走。可做的棺材属于非常寒酸的那一种，妻子愧疚不已，老李却说："这棺材比起富豪大家们的上等柏木是差远了，可是比起那些穷得连棺材都买不起，尸体用草席卷的人，不是要强多了吗？"

老李活到72岁，无疾而终。在他临死之前，对哭泣的老伴说："有啥好哭的，我已经活到72岁，比起那些活到八九十岁的人，不算高寿，可是比起那些四五十岁就死了的人，我不是好多了吗？"

老李死的时候，神态安详，脸上还留有笑容……

老李的人生观，正是一种乐天知足的人生观，永远不和那些比自己强的人攀比，用自己的拥有与那些没有拥有的人进行比较，并以此找到了快乐的人生哲学。人生不就这样吗？有总比没有强多了。

很多时候，我们就缺少老李的这种心境，当我们抱怨自己的衣服都不是名牌的时候，是否想到还有很多人连一套像样的衣服都没有？当我们抱怨自己的丈夫没有钱的时候，可否想到那些相爱但已阴阳两重天的人？当我们抱怨自己的孩子没有拿第一的时候，是否想到那些根本上不起学的孩子？当我们抱怨工作太累的时候，可否想到那些在街上摆着小摊的小贩们，他们每天起早贪黑，他们根本没有工夫去抱怨……

其实，我们已经过得很好了，我们能够在偌大的城市拥有着自己的房子，哪怕只是租的，我们不用为吃饭发愁，我们拥有着体贴疼爱自己的妻子（丈夫），我们拥有可爱的孩子，有着依旧对自己牵肠挂肚的父母……实际上我们已经拥有的够多了，还有什么不满意的呢？快乐也是在知足中获得的。

知足便不作非分之想，知足便不好高骛远，知足便安若止水、气静心平；知足便不贪婪、不奢求、不豪夺巧取。知足者温饱不虑便是幸事；知足者无病无灾便是福泽。

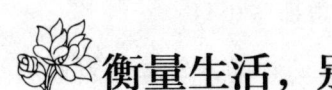 衡量生活，别用刻度太细的尺子

人生究竟是黑白还是彩色，完全取决于我们的看法。我们一旦习惯看到人生的黑暗面，就会刻意去寻找黑暗的那一面，而忽略掉光明的一面，我们自然就会被消极的世界所包围。多计算一下自己已拥有的，我们会发现每个人都是富人。衡量生活，别用刻度太细的尺子，接受现实，相信我已富有、已完美，生命将无憾。

事事斤斤计较、患得患失，不仅自己伤痕累累，生活也会因计较而一片灰暗。苏轼曾说：人有悲欢离合，月有阴晴圆缺，此事古难全。我们又何必斤斤计较呢？计较是麻烦的开始。

清朝时，在安徽桐城有一个著名的家族，父子两代为相，权势显赫，这就是张英的家族。清康熙年间，张英在朝廷当文华殿大学士、礼部尚书。老家桐城的老宅与吴家为邻，两家府邸之间有个空地，供双方来往交通使用。后来邻居吴家建房，要占用这个通道，张家不同意，双方将官司打到县衙门。县官考虑纠纷双方都是名门望族，不敢轻易了断。在这期间，张家人写了一封信，给在京城当大官的张英，要求张英出面干涉此事。张英收到信件后，认为应该谦让邻里，给家里回信中写了四句话："千里来书只为墙，让他三尺又何妨？万里长城今犹在，不见当年秦始皇。"家人阅罢，明白其中意思，主动让出三尺空地。吴家见状，深受感动，也主动让出三尺空地，这样就形成了一个六尺的巷子。两家礼让之举和张家不仗势压人的做法自此传为美谈。

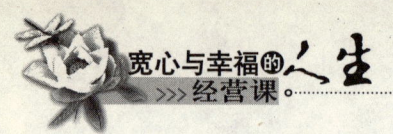

只要不是原则性的大事，睁一眼闭一眼又何妨？我们活在这个世上只有短短的几十年，而浪费很多不可能再补回来的时间去愁一些很快就会被所有人忘了的小事，值得吗？请把时间只用在值得做的事情上，去经历真正的感情，去做必须做的事情。生命太短促了，不要再顾忌那些小事。

要想真正获得幸福，就要学会淡定、学会知足。你的人生是贫穷还是富有，是黑白还是彩色，都在于你自己。如果你能接受自己所有的缺憾，接受这份不完整的生命赐予，那么你就能更快乐地活着。对于生命的苦难，我们不能把它归结为是"谁"的错，也不能总去注视他人的优越面，而妄自菲薄，徒增心中的怨恨。

别用刻度太细的尺子衡量我们的生活。要懂得欣赏自己的生活，让自己活得快乐。趁自己还年轻，尽情地做你想做的事。没有谁可以要求你改变，你也不必盲目改变。即使知道改变以后的自己会更好，但自己却无力改变的话，也不应该勉强去做，那些让自己觉得不满意的地方，就尽量忽略过去。毕竟，上天让我们有不同的肤色、不同的个性，就是为了让我们的生活多姿多彩。要接受自己所谓不完美的地方，没有必要勉强自己变得完美。

幸福更青睐懂得感恩的人

从前有一个人，他生前善良且热心助人，所以他死后，到了西方极乐世界，做了佛祖的侍者，善良的他仍时常到凡间帮助人。一日，他遇见一个农夫，农夫的样子非常苦恼，农夫向他诉说："我家的水牛病死了，没它帮忙犁田，那我怎能下田作业呢？"

于是，侍者赐给农夫一头健壮的水牛，农夫很高兴，侍者在农夫身上感受到幸福的味道。又一日，他遇见一个男人，男人非常沮丧地诉说道："我的钱被骗光了，没盘缠回乡。"于是，侍者给男人银两做路费，男人很高兴，侍者在男人身上也感受到了幸福的味道。后来，他遇见一个诗人，诗人年轻、英俊、有才华且富有，妻子貌美而温柔，但诗人过得不快活。侍者问诗人："你不快乐吗？我能帮你吗？"

诗人对侍者说："我什么都有，只欠一样东西，你能够给我吗？"侍者回答说："可以。你要什么我都可以给你。"诗人直直地望着侍者说："我要的是幸福。"这下子可把侍者难倒了，侍者想了想，说："我明白了。"然后，侍者把诗人所拥有的都拿走了。侍者拿走诗人的才华，毁去诗人的容貌，夺去诗人的财产和诗人的妻子。侍者做完这些事后，便离去了。一个月后，侍者再回到诗人身边，诗人那时饿得半死，衣衫褴褛地躺在地上挣扎。于是，侍者把诗人的一切还给他，然后，又离去了。

半个月后，侍者再去看诗人，这次诗人搂着妻子，不停地向侍者道谢。因为，他得到幸福了。

幸福是什么？对此一千个人就会有一千种答案。在需要时及时得到是幸福,失而复得也是幸福。珍惜得到的一切,珍惜拥有的一切,更是幸福。

感谢生活,感谢造物主,幸福就是此时此刻我们能拥有的和已经拥有的一切,人应该懂得感恩和知足。没有阳光,就没有温暖;没有雨露,就没有五谷的丰登;没有水源,就没有生命;没有亲情、爱情和友情,就没有爱的温暖相伴。感谢生活,万事随缘,自然海阔天蓝,风轻云淡。

你不可能拥有生活的全部精彩,但是上天也一定不会亏待你。幸福只降临在认为自己幸福的人身上,生活永远是比上不足比下有余的,若总是将心灵的画布涂上黑压压的色彩,自然就难以领略人生的温暖。

格林的父母离异了。家庭的变故使他变得郁郁寡欢,不但学习成绩下降,还动不动对同学发脾气。也许是为了平衡自己内心的混乱,每天吃完晚饭他就一个人在操场上转圈,一圈又一圈。谁都知道他的痛苦,可就是没有人能够安慰他。就在这个时候,班里一个并不起眼的同学杰克出现在他的身边。从此以后,大家总会在学校的操场上看到两个并肩而行的身影。就这样,又过了一段时间,格林完全从父母离婚的阴影中走了出来,又融入了温暖的大家庭。许多年后,杰克出现在一次同学聚会上,当同学们提起那段往事的时候,杰克微笑着对大家说:"其实没什么神秘的,你们并不知道,我父母在我上中学的时候就离婚了。在那段痛苦的日子里,我发奋学习,结果考上了大学。回首那段生活,我发现自己成熟了、独立了、坚强了。我只不过是把自己的这段经历告诉了他而已。"

这样的答案让大家很吃惊,因为,整整四年,全班同学没有一个人知道杰克的身世,而且,他还一直生活得那么快乐、豁达。

当大家问杰克为什么能做到这样时,杰克说:"我们需要感谢生活吗?在生活中,很多人会自觉或不自觉地问起这个问题,尤其是当我们面对生活中的种种不如意的时候。我想当好运来临的时候,我们都会感谢生活,可是,当生活不尽如人意的时候,我们大多数人会抱怨生活,但是,生活常常不会因我们的抱怨而变得美好起来,有的时候,还会因为我们的抱怨而变得更加糟糕。经历了不如意,我学会了感谢生活。正是那段家庭的变故,才成就了今天的我。"

这个故事告诉人们，一个常怀感恩之心的人，一定是个幸福的人。生活中我们应该学会感恩，感激父母给了我们生命，感激国家给了我们和平，感激路人给了我们帮助……生活中需要感恩的事实在是很多。在生活中，怀有一颗感恩之心，才能体味到人生的幸福。

因活着而知足，因健康而幸福

世间最珍贵的不是"得不到"和"已失去"，而是此刻就能把握的幸福，让你的目光聚焦于当下的生活，从而发现它的美好，你会感到幸福，会怀着一颗感恩生活的心拥抱生活。

人生之中，多少会遇到一些陷阱，掉进别人的陷阱尚有翻盘的机会，而掉进自己挖掘的陷阱则十分麻烦。当孔雀羡慕黄鹂的嗓音时，黄鹂正迷恋孔雀的外衣，山坡上的石头，总是羡慕山下繁华大道，便自己滚下去，结果受尽践踏与玷污，方才知道知足常乐，悲剧往往就是这样形成的。

某座山里有个神奇的山洞，里面的宝藏足以使人终生享用不尽，但是这个山洞100年才开一次。

有一个流浪人无意中经过那座山，正巧碰到百年难得一次的洞门大开。他兴奋地进入洞内，发现里面有大堆的金银珠宝，他急速地将这些财宝装入所有的袋子中。由于洞门随时会关上，他必须动作很快。

当他得意扬扬地装满了数大袋珠宝后，神色愉快地走出洞口，出来后发现帽子忘在了里面，便又冲入洞中，可惜时间到了，他和山洞一起消失得无影无踪。当地的村人等了很久,也不见他的踪影,便将所有的珠宝都卖了,大家共同分享了这些财富。

流浪人不懂得知足的道理,到头来连性命也失去了,可悲可叹。

知足是一种处世态度,懂得知足的人可以从纷纭世事中解放出来,享受生活的美好。对内,发现自己内心的快乐因素,对外,发现人间真爱与秀美自然,把烦恼与压力抛在九霄云外,所以,知足者常乐。因活着而知足,因健康而知足,因安定而知足。这样,才不至于好高骛远,迷失方向,碌碌无为,心有余而力不足,弄得自己心力交瘁。

黄美廉,从小得了脑性麻痹,病魔夺去了她肢体的平衡和发声讲话的能力,使她从小就活在众多异样的眼光中。

这位坚强的女孩没有让这些外在的痛苦摧毁她的奋斗精神,她昂然面对不幸,迎向一切不可能。经过努力,她终于获得了加州大学艺术博士学位,她用她的手当画笔,以色彩告诉人"生命之力与美",并且灿烂地"活出生命的色彩"。

"请问黄博士,"在一次讲座上,一个学生问她:"你从小就长成这个样子,请问你怎么看你自己?你没有怨恨吗?"

"我怎么看自己?"美廉用粉笔在黑板上重重地写下这几个字。她写字时用力极猛,大有力透"纸"背的气势。写完这个问题,她停下笔来,歪着头,回头看着发问的同学,然后嫣然一笑,回过头来,在黑板上龙飞凤舞地写了起来:

我好可爱!

我的腿很长很美!

爸爸妈妈这么爱我!

上帝这么爱我!

我会画画!我会写稿!

我有只可爱的猫!

还有……

台下，所有的人都沉默了，面对众人的沉默，她在黑板上写下了她的结论："我只看我所有的，不看我所没有的。"掌声响起。一种永远也不会被击败的傲然写在她的脸上。

身体的缺陷让黄美廉比常人多几分辛劳，可是她仍然可以看到生命的美好，这是因为她懂得知足，热爱生命。人生短暂几十年，赤条条来，又赤条条去，何必物欲太强，贪占身外之物？"身外物，不奢恋"代表的是思悟后的清醒，它不但是超越世俗的大智大勇，也是达观知命的豁达襟怀。谁能做到这一点，谁就会遇事想得开，放得下，活得轻松，过得自在。

知足的人对事，坦然面对，欣然接受；对情，琴瑟和鸣，相濡以沫；对物，能透过下里巴人的作品，品出阳春白雪的高雅。做到知足，人的内心就会充满和谐、平静、适意、真诚。这是一种人生底色，当我们都在忙于追求、拼搏而找不着北的时候，知足，这种在平凡中渲染的人生底色所孕育的宁静与温馨对于风雨兼程的我们是一个避风的港口。真正做到知足，人生会多一份从容，多一些达观。

生活毁于贪婪，幸福源自珍惜

人的私心、贪婪，常使人跌倒，重重地跌在自己的恶念里。美国哈佛大学教授丹尼·罗德克说："世界上几乎所有大宗教都有着一条戒律，就是反对贪婪。在现实生活中，我们常可听到人们用鄙夷不屑的口吻说出贪得无厌、贪心不足、贪婪成性等贬斥贪婪的词汇来。"人性中的贪婪总是能被轻易而彻底地激发起来，当诈取金钱成为你的目的，一个小小的谎言都能让你上当，贪婪也就开始牢牢地控制住你了。

《伊索寓言》中讲述了这样一则故事：

有一次，祖父带着孙子进林子里去捕野鸡。祖父教孙子用一种捕猎机，用木棍支起箱子，然后用绳子绑在棍子上，然后，祖孙两人隐蔽在灌木丛中。等野鸡受撒下的玉米粒的诱惑，一路啄食，进入箱子，到时只要一拉绳子就大功告成了。

支好箱子不久，就有一群野鸡飞来，共有九只。大概是饿久了的缘故，不一会儿就有六只野鸡走进了箱子。孙子正要拉绳子，可转念一想，那三只也会进去的，再等等吧。等了一会儿，那三只非但没进去，反而走出来三只。

孙子后悔了，对自己说，哪怕再有一只野鸡走进去就拉绳子。接着，又有两只走了出来。如果这时拉绳，还能套住一只。但孙子对失去的好运不甘心，心想着还会有些野鸡要回去的，所以迟迟没有拉绳。

结果，连最后那一只野鸡也走了出来。孙子一只野鸡也没有捕到。

贪婪是欲望无止境的一种表现，它让人永不知足。永不知足是一种病态心理，其病因多是因对权力、地位、金钱之类的贪婪而引发的。这种病态心理如果继续发展下去，就是贪得无厌，其结局是自我毁灭。捕鸟的孙子，就是因为贪婪，想得到更多的东西，最后却把现在所拥有的也失掉了。

人生的快乐不在于他得到了多少，而在于他是否懂得享受自己所拥有的东西。我们努力地为自己赚取更多，这原本无可厚非，也是一种正常的心理，但同时我们要有一颗感恩知足的心，珍惜我们已经拥有的，从贪欲中解脱出来，这样我们才能够获得更多的快乐。

一天，上帝突发奇想："假如让现在世界上的每一种生物再活一次，他们会怎样选择呢？"于是，上帝授意臣下给世界众生发一答卷，让大家填写。答卷收回后，令上帝大吃一惊，请看他们各自的回答：

猫："假如让我再活一次，我要做一只鼠。我偷吃主人一条鱼，会被主人打个半死。而老鼠呢，可以在厨房翻箱倒柜，大吃大喝，人们对它也无可奈何。"

鼠："假如让我再活一次，我要做一只猫。吃皇粮、拿官饷，从生到死由主人供养，时不时还有我们的同类给它'送点心'，很自在。"

猪："假如让我再活一次，我要当一头牛。生活虽然苦点，但名声好。我们似乎是傻瓜懒蛋的象征，连骂人也都要说蠢猪。"

牛："假如让我再活一次，我愿做一头猪。我吃的是草，挤的是奶，干的是力气活，有谁给我评过功、发过奖？做猪多快活？吃罢睡，睡罢吃，肥头大耳，生活赛过神仙。"

鹰："假如让我再活一次，我愿做一只鸡，渴有水，饿有米，冻有房，还受主人保护。我们呢，一年四季漂泊在外，风吹雨淋，还要时刻提防冷枪暗箭，活得多累呀！"

鸡："假如让我再活一次，我愿做一只鹰，可以翱翔天空，任意捕兔捉鸡。而我们除了生蛋、报晓外，每天还胆战心惊，怕被捉被宰，惶惶不可终日。"

最有意思的是人的答卷。不少男人一致填写着:"假如让我再活一次,我要做一个女人,可以撒娇、可以邀宠、可以当妃子、可以当公主、可以当太太、可以当母亲……最重要的是可以支配男人,让男人拜倒在石榴裙下。"不少女人一律填写着:"假如让我再活一次,我一定要做个男人,可以蛮横、可以冒险、可以当皇帝、可以当王子、可以当老爷、可以当父亲……最重要的是可以驱使女人。"

上帝看完,气不打一处来:"这些家伙只知道盲目攀比,太不知足了。"他把所有答卷全都撕碎,喝道:"一切照旧!"

真正的幸福来自我们眼下所拥有的一切。幸福源自珍惜,生活不是攀比。中国有句古老的话,"人比人,气死人",同时亦有"知足常乐"的说法。人生许多悲剧的产生,都是因为许多人不懂得珍惜,盲目将己之短与他人之长作比较。如果希望获得快乐,就要学会放宽心、珍惜自己所有。我们只有学会了珍惜,我们才会拥有一份成熟,才会活得更加充实、坦然和轻松。就像有缺陷的人懂得"知足常乐"不仅能增添生活的乐趣,生活也因此会越来越美丽,所以,我们要学会知足、珍惜,学会在远处欣赏人生的美景。

>>> 第三章

生活不是童话，
悦纳生活中的不公平

人生本来就是一种较广义的艺术。每个人的生命史就是他自己的作品。这种作品可以是精美的，也可以不是精美的，正犹同是一种顽石，这个人能把它雕成一座伟大的雕像，而另一个人却不能使它"成器"，差别全在性格与修养。知道如何生活的人就是艺术家，他的生活就是艺术作品。

生命本身并没有残缺

每个人的生命都是完整的,你的身体可能有缺陷或者残缺,但你仍然可以拥有完整的人生和幸福的生活。从容乐观才是对待生命的正确态度。

1967年的夏天,对于美国跳水运动员乔妮来说是一段伤心的日子,她在一次跳水事故中身负重伤,全身瘫痪,只剩下脖子可以活动。

乔妮哭了,她怎么也摆脱不了那场噩梦:跳板为什么会滑?为什么她会恰好在那时跳下?不论家里人怎样劝慰她,亲戚朋友们如何安慰她,她总认为命运对她实在不公。出院后,她叫家人把她推到跳水池旁。她注视着那蓝盈盈的水波,仰望那高高的跳台。她再也不能站立在那洁白的跳板上了,那蓝盈盈的水波再也不会溅起朵朵美丽的水花拥抱她了。她又掩面哭了起来。从此她被迫结束了自己的跳水生涯,离开了那条通向跳水冠军领奖台的路。

乔妮曾经绝望过,但不久,她拒绝了死神的召唤,开始冷静思索人生意义和生命的价值。她借来许多介绍前人如何成才的书籍,一本一本认真地读了起来。她虽然双目健全,但读书也是很艰难的,只能靠嘴衔根小竹片去翻书,劳累、伤痛常常迫使她停下来。休息片刻后,她又坚持读下去。通过大量的阅读,她终于领悟到:我是残疾了,但许多人残疾了后,却在另外一条道路上获得了成功,他们有的成了作家,有的创造了盲文,有的谱写出美妙的音乐,我为什么不能?于是,她想到了自己中学时代曾喜欢画画。我为什么不能在画画上有所成就呢?这位纤弱的姑娘变得坚强起来了,变得自信起来了。她找到了中学时代曾经用过的画笔,用嘴衔着,练习开了。

这是一个常人难以想象的艰辛的过程。家人担心她累坏了,于是纷纷劝阻她:"乔妮,别那么死心眼了,哪有用嘴画画的?我们会养活你的。"可是,他们的话反而激起了她学画的决心,"我怎么能让家人养活我一辈子呢?"她更加刻苦了,常常累得头晕目眩,甚至有时委屈的泪水把画纸也淋湿了。为了积累素材,她还常常乘车外出,拜访艺术大师。好些年头过去了,她的辛勤劳动没有白费,她的一幅风景油画在一次画展上展出后,得到了美术界的好评。

后来,乔妮决心学文学。她的家人及朋友们又劝她了:"乔妮,你绘画已经很不错了,还学什么文学,那会更苦了你自己的。"她没有说话,她想起一家刊物曾向她约稿,要谈谈自己学绘画的经过和感受,她用了很大力气,可稿子还是没有完成,这件事对她刺激太大了,她深感自己写作水平差,必须一步一个脚印地去学习。

这是一条通向光荣和梦想的荆棘路,虽然艰辛,但乔妮仿佛看到艺术的桂冠在前面熠熠生辉,等待她去摘取。

是的,这是一个很美的梦,乔妮要圆这个梦。终于,又经过许多艰辛的岁月,这个美丽的梦终于成了现实。1976年,她的自传《乔妮》出版了,轰动了文坛,她收到了数以万计的热情洋溢的信。又两年过去了,她的《再前进一步》一书又问世了,该书以作者的亲身经历,告诉残疾人,应该怎样战胜病痛,立志成才。后来,这本书被搬上了银幕,影片的主角就是由她自己扮演,她成了青年们的偶像,成了千千万万个青年自强不息、奋进不止的榜样。

乔妮是好样的,她用自己的行为向我们说明了这样一个道理:不要太在意公平,你的生命没有残缺,无论你的命运面临怎样的困厄,它们也丝毫阻止不了你实现自己的人生价值,相反,它们会成为你人生道路中一笔宝贵的精神财富。

生命中总是充满着太多不确定的因素,旦夕祸福,可能随时出现在某一刻。生活不是那棵一年都常青的树,它会有春发芽、夏茂密、秋凋谢、冬枯木的过程,年复一年,不断往复,周而复始,所以,你不用为新生而兴奋不已,也不用为凋落而默默流泪,失去了的还会再来,这就是生命的规律。面对生命中某些不如意，既然已经发生了，那就去欣然接受它。

生活其实是平淡无奇的，很多时候是由失意、挫折、困难等各种问题组成的，毕竟巅峰时刻只是一时的灿烂。我们看到那些奥运会冠军站在领奖台的那一刻，不要只看到他们的光彩，更要看到他们身后所付出的汗水。人生舞台的表演在乎的不是那一分钟的精彩，而是十年苦功的磨炼啊！

不如意的生活才是正常的生活

古人云：人生不如意，十之八九。这句话的意思是说人活在世上，十件事中有八九件都会使人不顺心，但我们应对此保持一颗平常心。因为有些事是不可避免的，有些事是无力改变的，有些事情是无法预测的。能补救的应该尽力补救；无法改变的也要坦然面对，调整好自己的心态去做该做的事情。

琼妮小姐是新西兰一位建筑商的女儿，移居美国后，曾在休斯敦一家电视台工作，1990年起任摄影记者。1992年6月，她被派往萨拉热窝进行战地采访。在那里，曾有多名记者丧生。

琼妮在萨拉热窝逗留6个星期后，已经习惯周围的流弹，一天清早，一颗子弹击穿车玻璃，正好击中她的脸部，几乎掀掉了她的半边脸，她的颧骨被打得粉碎，牙齿没有了，舌头被打断。送到诊所时，大夫们直摇头，认为她不行了。经过20多次手术后，她又奇迹般地回到了工作岗位。这时的她，下颌仍无感觉，脸部还留着弹片，体重减轻了8公斤。令大家吃惊的是，她要求重返萨拉热窝。她幽默地说："说不定我还能在那里找回我的牙齿。"她甚至想认识一下当初袭击她的枪手。有人问她，见到那个枪手后怎么办。她说:"我会请他喝一杯,问他几个问题,比方说当时距离有多远。"

琼妮面对厄运的乐观态度证明她是一个具有坚韧毅力的女孩,正是这种乐观的性格,使她能够迅速摆脱挫折的阴影,积极地投入新的工作中。

快乐是什么?快乐是血、泪、汗浸泡的人生土壤里怒放的生命之花,正如惠特曼所说:"只有受过寒冷的人才感觉得到阳光的温暖,也只有在人生战场上受过挫败、痛苦的人才知道生命的珍贵,才可以感受到生活之中的真正快乐。"

托尔斯泰在他的散文名篇《我的忏悔》中讲了这样一个故事:

一个男人被一只老虎追赶而掉下悬崖,庆幸的是在跌落过程中他抓住了一棵生长在悬崖边的小灌木。此时,他发现,头顶上那只老虎正虎视眈眈,低头一看,悬崖底下还有一只老虎,更糟的是,两只老鼠正忙着啃咬悬着他生命的小灌木的根须。绝望中,他突然发现附近生长着一簇野草莓,伸手可及。于是,这人摘下草莓,塞进嘴里,自语道:"多甜啊!"

生命进程中,当痛苦、绝望、不幸和危难向你逼近的时候,你是否还能享受一下"野草莓"的滋味?苦中求乐才是快乐的真谛。

当你对生活感到绝望的时候,请再等待3天,希望便会出现。

一位应邀访美的女作家在纽约街头遇见一位卖花的老太太。这位老太太穿着相当破旧,身体看上去很虚弱,但脸上却满是喜悦。女作家挑了一朵花说:"你看起来很高兴。"

"为什么不呢?一切都这么美好。"

"你很能承担烦恼。"女作家又说,然而,老太太的回答令女作家大吃一惊:"耶稣在星期五被钉在十字架上,那是全世界最糟糕的一天,可3天后就是复活节,所以,当我遇到不幸时,就会等待3天,一切就恢复正常了。"

英格兰的妇女运动名人格丽·富勒曾将一句话奉为真理,这句话是:"我接受整个宇宙。"是的,你我也应该能接受不可避免的事实。即使我们不接受命运的安排,也不能改变事实分毫,我们唯一能改变的,只有自己。成功学大师卡耐基也说:"有一次,我拒不接受我遇到的一种不可改变的情况。我像个蠢蛋,不断作无谓的反抗,结果带来无眠的夜晚,我把自己整得很惨。终于,经过一年的'自我折磨',我不得不接受我无法改变的事实。"

不如意的生活才是正常的生活。可是,面对这种生活时,不是尽然束手无策。只要有任何可以挽救的机会,我们就应该奋斗!但是,当我们发现情势已不能挽回时,我们最好就不要再思前想后,拒绝面对现实。要接受不可避免的事实,唯有如此,才能在人生的道路上掌握好平衡。人生虽没有彩排,但失败也绝非注定,既然黑夜给了我们一双眼睛,那我们就用它来寻找光明。

尽管没有精美包装,生活仍然是份厚礼

生活的重担、工作的压力、人际的纠缠……每个人都有数不清的烦恼和压力;消费水平提高、物价上涨、买不起房子、租个房子还要整天面对苛刻的房东……面对如此尴尬的处境,人们不禁感叹:"真不公平!这日子真难啊。"

艰难的日子虽然让我们焦头烂额,可是我们却没有办法立即选择别样的生活。我们不但要坚强地活着,还要好好活着,努力将自己的梦想变成现实。有人说,自从有了社会就没梦想了。可是社会的复杂不是阻碍你奋斗的借口,可怕的并不是这个社会现实,而是我们没有实现这个梦想。

从《天下无贼》到《士兵突击》,王宝强以他淳朴和平凡的形象掀起了一阵"木耳"风。

很多人认为王宝强之所以能越来越好,是因为他太幸运了。可是王宝强却说,我并不是幸运的一个,能够有今天的成绩,是因为我一直没有放弃,尽管日子很艰难,但是我一直在认真过好每一天。

众所周知,像王宝强这样的人,想在"北漂"中脱颖而出是难于上青天,但他确实做到了,而且很成功。他曾经自己回忆:"那个时候住排房,屋子很小,夏天非常拥挤,五六个师兄弟挤在一个炕上。不过房租很便宜,一个月一百块,每个人每月也就二十块钱的租金。"可是,就算你空有一身好武功,也要有戏演才能维持生活,而实际上,王宝强只凭当替身的那点拳脚费,几乎无法维持生活。于是,那个时候的王宝强,生活十分艰难。

生活的艰难并没有动摇王宝强的信念,不管生活多难,他都咬紧牙关坚持着。接下去的两年里,他忽然和家里失去了联系。在一次访谈中,王宝强的哥哥说:"他到了北京忽然和家里失去了联系,信也没有,电话也没有。差不多将近两年的时间。我妈妈想他都快得病了。他忽然有一天打电话回来,说自己得了大奖,开始我们都还不信呢……"

王宝强的确曾经和家里失去联系,他说:"那个时候没有钱,就是没钱打电话,而且也不想打,没混出来个人样,觉得没法跟家里交代,没脸和家里人说。"就在那样孤独、艰难的岁月里,王宝强一面做"武替身",一面做民工,才勉强维持了自己的生活。有时候"武替身"一天有几十块钱,有时候就只有一顿盒饭,可是即便这样,王宝强也觉得挺好的,来了北京,能吃饱,还能长见识。

很多师兄都劝他:"宝强,咱回去吧。你说咱们武功也一般,长得也不好,还没什么文化,哪有导演愿意要咱们这样的呀。不是每个人都有李连杰那样的好运气的。"可是,倔犟的王宝强就是不肯认输,就是抱定了"再难也要坚持下去"的观点,坚决要留在北京打拼。记得蒲松龄曾经写过这样的落第自勉联:"有志者,事竟成,破釜沉舟,百二秦关终属楚;苦心人,天不负,卧薪尝胆,三千越甲可吞吴。"不知道是不是因为王宝强"愚公移

山"的精神感动了上帝,好运终于飘然降临了。

李扬导演相中了王宝强,电影《盲井》中的优秀表演让他一举成名,并荣获了当年金马奖最佳新人奖。随后,冯小刚导演找到了他,他和中国最优秀的几个一线大明星加盟《天下无贼》。那个憨厚的"傻根"让人们一下子记住了他的名字。王宝强的"星途"从此一帆风顺。

在生活中,我们每个人都会遇到各种各样的磨难和考验,只有能够认真地过日子的人,才能在最后的关头突破自己的瓶颈,创造生活的奇迹。其实,生活给予我们每个人的机会都是相同的,越是艰难的岁月,就越能提供给我们进步的空间,所以,不要总是抱怨日子不好过,只要我们坚持,认真地过好每一天,我们就能抓住希望。

看人生的角度由自己抉择

人生有悲喜,有起伏,这是没有办法去选择的,但是我们可以选择看人生的角度。如果那些失去的我们确实无法挽回,那么我们就勇敢地接受,并且要用自己的双手开创出一片新的天地。城市的偏僻、资金的短缺、身体的缺陷等从来都不是可以放弃追求人生的价值的借口,相反,某一方面的弱势,会将使另一方面更强势。能够看到自己的优势的人比其他人更懂得用心去感受生活、投入生活,用一颗坚强、火热的心,创造生活。

邰丽华是中国唯一登上两大世界顶级艺术殿堂——美国纽约卡内基音乐厅和意大利斯卡拉大剧院的舞蹈演员,也许她并没有达到舞蹈的顶峰,但她却用自己的行动证明了一个残疾人只要通过努力一样可以取得了不起的成就。在邰丽华两岁那年，她因高烧失去了听力，没过多久，她甜美的嗓音也关闭了，她从此陷入了无声世界。她当时的寂寞与痛苦难以想象。当她快满7岁那年，父母决定将她送入市聋哑学校学习。在那里的一堂律动课改变了她的人生。聋哑学校的律动课是为了让学生通过震颤感受到节奏的变化。当老师踏响木地板上的鼓时，一种奇怪而自然的有节奏的振动刹那间传遍邰丽华的全身，她感到一种从未有过的震撼。当别的同学表现出万分高兴的时候，她已经将整个身体匍匐在地板上，深深地投入到那充满幸福的律动之中了。她激动，她兴奋，眸子闪亮，小脸通红，她感觉到这个世界从未有过的美丽，她指着自己的胸口，用三个手势告诉老师：我——喜——欢。她努力地感受不同的振动，娇小的身体随之摆动。她突然发现，这是一种属于她的语言，她比别人勤于思考，更善于琢磨用舞蹈来表达情感。从此她踏上了她的舞蹈之路。在婀娜的舞姿背后，她要付出比常人多好几倍的辛苦努力。她全身心地投入到她的舞蹈事业中。为了练舞，她将自己变成了一只旋转的陀螺，24小时中除了吃饭和睡觉的时间，其他时间都是在舞蹈，找不准节拍再练，动作不对再改，一次又一次地摔倒，爬起，摔倒，爬起，练得身上青一块、紫一块，小腿上留下了一道又一道青黑的伤疤。

凭着执著的努力，邰丽华在15岁时，就随中国残疾人艺术团出国演出了。在很多次舞蹈比赛中，评委们根本没有发现她是一位双耳失聪的残疾人。邰丽华全身心地投入到了她热爱的舞蹈中，一曲《雀之灵》有多少节拍，她没有仔细计算过，但老师作过一次测试，邰丽华凭着感觉舞完这700多个节拍，竟丝丝入扣，没有一点差错。她唯一的方法就是记忆、重复、再记忆，到最后她心里已经有了一支随时为她响起的乐队。她觉得自己已经注定一生都要用身体的舞蹈和心中的音乐去印证生命。

重新燃起的生命之火让邰丽华重新认识存在的意义。她爱上了舞蹈，虽然没有音乐，但是她用自己的心去伴奏。她说："残疾不是缺陷，而是人类多元化的特点。残疾不是不幸，而是不便。残疾人，也有生命的价值。愈是残缺，愈要美丽！"舞蹈，对于邰丽华来说，是儿时的嬉戏，是精神的寄托，是感受这个世界的特定方式。她用行动告诉人们，她和正常人一样，同样可以体验与创造这个丰富多彩的世界。

画家列宾和他的朋友雪后去散步，他的朋友瞥见路边有一片污渍，显然是狗留下来的尿迹，就顺便用靴尖挑起雪和泥土把它覆盖了，没想到列宾发现时却生气了，他说："几天来我总是到这来欣赏这一片美丽的琥珀色。"

在生活中，当我们老是埋怨别人给我们带来不快，或抱怨生活不如意时，想想那片狗留下的尿迹，其实，它是"污渍"，还是"一片美丽的琥珀色"，都取决于你自己的心态。

一个人的世界有多大，取决于他的视野有多大，视野越大，获得成功的机会也就越多，志在顶峰的人不会落在平地，甘心做奴隶的人永远也不会成为主人。拉高我们的视点，我们才能有一个广阔的视野。一个人要想改变自己，应先改变自己的定位，给自己一个新的高度，换一个角度。视角变大，我们就有了新的角度来体察生命的风景。

换个视角看风景，风景便有不一样的风采；换个角度看人生，人生也会有不一样的精彩。也许心的体积很小，但世界却很大。换一个视角，自身的格局可以变得和世界一样无限广阔。

天鹅与鸭子的一线之隔

很久以前,鸭子和天鹅是一对亲兄弟,它们长相相近,很难区分开来。鸭子是哥哥,天鹅是弟弟。它们长大后,一同拜山鹰为师学习追云赶月的飞翔技艺。

跟老师学练了才3天,鸭子就有些受不了了。它嘟哝说:"唉,真不公平!要是咱生在山鹰家里多好,从小就能出类拔萃,翱翔九霄,省得受这份洋罪,去练这飞翔的技艺。"天鹅说:"真本事来自苦用功,哪有一生下来什么都会的人呢?就是山鹰的孩子,也是通过长期的勤学苦练才练就了一身过硬的翱翔技艺。不信,你问问老师。"山鹰笑着说:"是啊,我们山鹰的孩子练起飞翔来一点也不比你们轻松,翅膀刮伤,脖子扭坏,那是常有的事。"

鸭子平静了没几天,心里又烦躁起来。"哼!山鹰练飞虽比我苦,可它起点比我高呀,我再苦练也跟不上人家。罢罢罢,干脆另谋出路。"天鹅苦劝无效,鸭子开小差溜了。

鸭子离开山鹰,接着跟金雕学艺。没过几天,它又厌烦了,"四面高山一处山坳,环境太小,这小地方岂能练出绝世的功夫?"

于是,鸭子再次出走。就这样,它曾到大海上向海鸥求教,曾到沙漠里向秃鹫学习,也曾到森林里以猎隼为师……辗转各地,它不是嫌环境艰苦,就是嫌老师刻板,怨天尤人,每天都有发不完的牢骚。

许多年过去了,鸭子飞翔的能力一点也没有提高,只能从一个水塘勉强飞到另一个水塘。而他的弟弟天鹅,经过一丝不苟的刻苦训练,早已成了举世闻名的飞行家,它飞越高峰,往往连老师都望而兴叹。有好事者问鸭子对此有何感想时，鸭子说："人家命好，老师偏向父母宠，要是我有它那些条件，我肯定比它现在飞得还远还高，山峰算什么！"据说，直到今天，鸭子还牢骚满腹地嘎嘎叫，从不低头沉思一下自己到底错在哪儿。

　　找借口已经成了很多人的强项。有的人总会煞有介事地为自己制定一个远大的理想，在实现理想的过程中，遇到一点困难就找借口，之后败下阵来，另谋出路。再次遇到困难，又是牢骚满腹，到最后一事无成。实际上被成功离弃是因为我们没有认清自己，最后输给自己的抱怨。

　　真正优秀的人从来不去抱怨环境给予了自己什么，也不会为了自己的失败找寻任何的借口。他们只会勇敢地面对生活，即使面临艰难的处境，也不会觉得难过。可是，在生活中，很多人却在一直为自己找寻借口。

　　一个女孩对父亲抱怨她的生活，抱怨事事都那么艰难。她不知该如何应付生活，想要自暴自弃了。她觉得，问题如海浪一般，一个连着一个声势巨大地卷来，毫不给人喘息的机会，她已厌倦了抗争和奋斗。

　　女孩的父亲是位厨师，他把她带进厨房。他先往三只锅里倒入一些水，然后把它们放在旺火上烧。不久锅里的水烧开了。他往一只锅里放些胡萝卜，第二只锅里放入鸡蛋，最后一只锅里放入碾成粉状的咖啡豆。他将它们浸入开水中煮，一句话也没说。女孩咂咂嘴，不耐烦地等待着，纳闷父亲在做什么。

　　大约20分钟后，父亲把火关了，把胡萝卜捞出来放入一个碗内，把鸡蛋捞出来放入另一个碗内，然后又把咖啡倒入一个杯子里。做完这些后，他才转过身问女儿："亲爱的，你看见什么了？""胡萝卜、鸡蛋、咖啡。"她回答。

　　他让她靠近些，并让她用手摸摸胡萝卜。她摸了摸，注意到它们变软了。父亲又让女儿拿一只鸡蛋并打破它。将壳剥掉后，她看到了是只煮熟的鸡蛋。最后，父亲让她啜饮咖啡。品尝到香浓的咖啡，女儿笑了。

　　她怯声问道："父亲，这意味着什么？"父亲解释说，这三样东西面临同样的逆境——煮沸的开水，但其反应各不相同。胡萝卜入锅之前是强壮的、结实的，毫不示弱，但进入开水后，它变软了，变弱了。

鸡蛋原来是易碎的。它薄薄的外壳保护着它呈液体的内脏，但是经开水一煮，它的内脏变硬了。而粉状咖啡豆则很独特，进入沸水后，它们倒改变了水。

故事中这位父亲的教导方法是高明的。一个人总会在生活中遇到不顺，心灵受到折磨。这个时候，如果选择一味抱怨，也许只会让生活变得更糟，因此，在抱怨之前，先认清自己吧。或许，很快就能找到改变境遇的答案。

生活中总有这样或那样的困难和不顺，在面对折磨时，在你抱怨生活之前，先问问自己，你认清你自己了吗？害怕艰苦，牢骚满腹，是难以学到真本事、成就大事业的。

我们每个人绝不可能孤立地生活在这个世界上，很多的知识和信息来自别人的教育和环境的影响，但怎样接受、理解和加工、组合，是属于我们个人的事情，这一切都要我们独立自主地去看待，去选择。谁是命运的最高仲裁者？不是别人，正是我们自己。

生活不亏欠我们任何东西，所以，谁也没有权利向生活撒娇、抱怨。过得如何，完全取决于我们对待生活的心态。

以主角的心态演绎人生

人生就像是一个舞台,每个人都在饰演着不同的角色,不管饰演什么角色,每个人来到世上,都希望演绎出辉煌的成就和有个性的自我,希望自己的一颦一笑、风度学识或是动人歌喉、翩翩身影,能够得到别人的认可和掌声,但并不是每个人都能神采飞扬地站在灯火闪烁的舞台上,成为万众瞩目的主角。作为一个平凡的个体,大多数人也许只能在镁光灯的背后呢喃自己的独白,没有人会关注,没有人会在意,没有人会给予他们簇拥的鲜花和热烈的掌声。

柏林与杰许文初遇时,柏林已经成名,而杰许文则是一个正在奋斗中的青年作曲家,在亭盘巷里为着每星期35元的薪水而工作。

柏林对杰许文的才能大为赞许,想请他做自己的音乐秘书,薪水已开他当时所得的3倍。"不过还是别接受这个工作的好,"柏林劝道,"假使你接受了,你可能会发展成为二流的柏林。可是你坚持做自己,总有一天你会成为一流的杰许文。"

杰许文记下了柏林的忠告,没有接受这份工作,果然日后成为美国当代著名的音乐家。

任何人都应照着柏林对杰许文的明智的劝告去做。

当一个人承认自己,相信自己的时候,他至少成功了一半。生活中有些人不懂得坚持自我,没有自己的生活方式、思考方式,无法定位自我,别人一提意见,就会无所适从,惊慌失措。坚持自我的人会自己决定自己的生活方式，不在意别人的目光。因为他们知道不同的人有不同的生活方式，而没有必要努力想达到某个所谓的标准。

鲜花虽然美丽，掌声固然醉人，但它们只能肯定某些人的成就，却无法否定多数人的价值。只要你在真真实实地生活，活出一个真真正正的自我，那么即使所有的人把目光投向别处，你还拥有一个最后的观众，你还可以为自己鼓掌。重要的是你能够以主角的心情上台尽力演出，从而活出一个无怨无悔的人生。有了这种心态，你还会去计较所谓的公平吗？

也许你是一只煅烧失败、一经出世就遭冷落的瓷器，没有凝脂般的釉色，没有精致的花纹，无法被人藏于香阁，可当你摒弃了杂质，由一个泥胚变成一件瓷器的时候，你的生命就已经在烈火中变得光彩而又亮丽，你应该为此而欣慰。也许你是一块矗立山中、终日承受日晒雨淋的顽石，丑陋不堪而又平凡无奇，沧海桑田的变迁中，被人遗忘在那里，可你同样应为自己自豪，长久的屹立不倒，便是你永恒的骄傲。也许你只是广袤宇宙中的一粒尘埃，只是海滩上的一颗沙粒，只是茫茫人海中最平凡的一个行人，但是，只要你拥有一双、哪怕只剩下一只手，你都要勇敢地为自己鼓掌。

以主角的心态面对人生，你将勇往直前。相信自己，用一颗勇敢的心去面对一切。一次失败并不代表最后的失败，谁笑到最后才是笑得最灿烂。

胜利了，一笑而过，跌倒了，忍痛爬起，继续人生之旅。或许胜利的旗帜就在前方向你挥手；或许下一站就是成功；或许明天又是美好的一天。所以你应该不怕困难，勇往直前去开拓通往未来的七彩之路。

道格拉斯·玛拉赫曾用一首诗启示我们要做最好的自己：

"如果你不能成为山顶上的高松，那就当一棵山乡里的小树。——但要当棵溪边最好的小树。

如果你不能是一只麝香鹿，那就当尾小鲈鱼——但要当湖里最活泼的小鲈鱼。

我们不能全是船长，必须有人也当水手。

这里有许多事让我们去做，有大事，有小事，但最重要的是我们身旁的事。

如果你不能成为大道，那就当一条小路。

如果你不能成为太阳，那就当一颗星星。

决定成败的不是你尺寸的大小——而在于能否做一个最好的你。"

拭去心灵的浮躁

罗马不是一天建成的。有时候我们想一蹴而就，恨不得一下子把事情做好、做完。这种心理就是浮躁心理。浮躁使人急于求成、患得患失、焦躁不安、心神不宁。浮躁使人们产生了各种心理疾病，成功、幸福和快乐也被浮躁所羁绊。

生活中往往存在着一些人，如揠苗助长的人一样，一味地追求效率和速度，做起事来既无准备，也无计划，只凭一时的心血来潮就动手去做。他们恨不能一日千里、一蹴而就，但往往事倍功半，其结果只能与成功背道而驰。

古时候有兄弟两人，很有孝心，每日上山砍柴卖钱为母亲治病。神仙为了帮助他们，便叫他们两人用四月的小麦、八月的高粱、九月的稻、十月的豆、腊月的雪，放在千年泥做成的大缸内密封四十九天，待鸡叫三遍后取出，汁水可卖钱。兄弟两人各按神仙教的办法做了一缸。待到四十九天鸡叫两遍时，老大耐不住性子打开了缸，一看里面是又臭又黑的水，便生气地将水洒在地上。老二坚持到鸡叫三遍后才揭开缸盖，里边是又香又醇的酒。

做人的关键在于戒除急躁，这样才能够真正静下心来做好某件事。你越觉得不公，就越是急躁，就会在错误的思路中越陷越深，也就离成功越来越远。

　　压力太大、急于求成、烦琐忙碌，而且缺乏信仰、过分追求完美等社会问题出现并不能得到解决时，人们便生了浮躁之心。正因为这失衡的浮躁之心的作祟，使我们无法取得一个良好的效果。

　　浮躁就是心浮气躁，是成功、幸福和快乐最大的敌人，还是各种心理疾病的根源。它的表现形式呈现多样性，已渗透到许多人的日常生活和工作中。可以这样说，我们的一生是同浮躁斗争的一生。

　　那么，如何去除浮躁心理呢？唯"静心"二字也！如果我们能安下心来认真做一件事情，不急于求成、不半途而废，就没有做不好的事。静下心来，拭去心灵深处的浮躁，才能找到成功和快乐。浮躁时，在心中洒点水，以浇灭某些欲望，你便会听到快乐和成功的敲门声。

　　古代，一位官员被革职遣返，他心中苦闷无处排解，便来到一位禅师的法堂。禅师静静地听完了此人的倾诉，将他带入自己的禅房之中。禅师指着禅房的桌上放着的一瓶水，微笑着对官员说："你看这瓶水，它已经放置在这里许久了，几乎每天都有尘埃、灰烬落在里面，但它依然澄清透明。你知道这是何故吗？"官员思索了良久，仿佛要将水瓶看穿，忽然他似有所悟地说道："我懂了，所有的灰尘都沉淀到瓶底了。"

　　禅师点了点头，说道："世间烦恼之事数之不尽，有些事越想忘掉越挥之不去，那就索性记住它好了。就像瓶中水，如果你厌恶地振荡自己，会使一瓶水都不得安宁，混浊一片，如果你愿意慢慢地、静静地让杂质沉淀下来，用宽广的胸怀去容纳它们，这样，心灵并未因此受到污染，反而更加纯净。"官员恍然大悟。

　　观水自照，可知自身得失。人生在世，若能时刻自省，还有什么痛苦烦恼是不能排遣、摆脱的呢？佛说："大海不容死尸。"水性是至洁的，表面藏垢纳污，实质却水净沙明，至净至刚，不为外物所染。若能时常自省，使心如水，那么自然就不会心生烦躁。

>>> 第四章

境随心转,随缘心自宽

假如生活是甜美的,我们固然应笑着来享受它;假如生活是酸苦的,我们也要扮着鬼脸来调剂它;假如生活是平淡的,我们就应静下心来品味它。

团团转不如顺其自然

从懂事以来,我们心中就会有很多的梦想和憧憬。追求幸福的生活、期待刻骨铭心的爱情、盼望出人头地、渴求一鸣惊人……有追求就要有所行动,实现梦想的道路包含了令人纠结、无所不在的诱惑和陷阱,让我们狼狈和疲惫。

人们总是执著地追随着"得"的脚步,对"失"不屑一顾,因得而欣喜若狂,因失而烦恼不已。如果明白"得到也会失去,失去未必不是得到"的道理,你就不会因为得与失而不知道该如何控制自己的情绪。凡事顺其自然发展就好,不以物喜,不以己悲,生命也便会清凉一些。

一位政客到寺庙上香,结识了一位整日待在寺庙中诵经的小和尚。政客问:"小师父,每天都待在黑暗的大殿里念经诵佛,不枯燥吗?难道你不愿意到外面的世界去吗?"

刚刚皈依佛门的小和尚不解地问:"为什么要到外面呢?"

"外面的世界多好啊!宽敞明亮,要什么有什么,不愁吃喝,又何必在这里做苦行僧呢?"

"可我现在也很好啊。我每天一心向佛,佛祖赐我屋檐遮挡风雨,风不吹头雨不打脸,还可以天天和师父交流得道的乐趣。"

"可是你自由吗?"

"……"小和尚沉默了。

于是,政客把小和尚带出了寺庙,将他安排在了一处豪华奢靡的人家住下。随后,政客忙于政务,把这件事情忘记了。过了整整一年,政客忽然想起了小和尚，就去看望他。

他问小和尚："小师父，你过得还好吗？"

小和尚回答："我佛慈悲，我过得还好。"

"那好，你能说说在这个精彩的世界里的感受吗？"政客很真诚地说。

小和尚长叹一声，说："唉，这里什么都好，我每天早上一醒来看见满院的佛光普照，比起我以前的那个小寺庙好多了。只是，这寺庙太大了。"

说话间，小和尚已入定。

小和尚亲近佛法，心中有佛，在不在寺庙对他来说已没有差别。富贵人家的翡翠墙琉璃瓦在他澄澈的眼中闪烁的不是俗气的珠光宝气，而是灿烂瑰丽的佛光。这才是我们应有的心态。

人之所以不幸福，就是因为不能够活得单纯。其实，不要去刻意追求什么，不要向生命去索取什么，不要为了什么去给自己塑造形象，顺其自然本身就是一种幸福。

龙王与青蛙一天在海滨相遇，打过招呼后，青蛙问龙王："大王，你的住处是什么样的？""珍珠砌筑的宫殿，贝壳筑成的阙楼，屋檐华丽而有气派，厅柱坚实而又漂亮。"龙王反问了一句："你呢？你的住处如何？"青蛙说："我的住处绿藓似毡，娇草如茵，清泉潺潺。"说完，青蛙又向龙王提了一个问题："大王，你高兴时如何？发怒时又怎样？"龙王说："我若高兴，就普降甘露，让大地滋润，使五谷丰登；若发怒，则先吹风暴，再发霹雳，继而打闪放电，叫千里以内寸草不留。那么你呢？"青蛙说："我高兴时，就面对清风朗月，呱呱叫上一通；发怒时，先瞪眼睛，再鼓肚皮，最后气消肚瘪，万事了结。"

不同的人各有各自的快乐，达观者之所以达观在于自己对自己生活的一种顺其自然的满足。人活在世上都要扮演一定的角色，或许你的生活很简单、很平凡，但是你也会有自己的幸福。有些人，他们活着，却没有时间去多愁善感；他们满足，因为他们没有奢望生活过多的给予；他们简单，不用在人前掩饰什么。他们也许连幸福是什么都不知道，然而真正幸福的就是这么一群随心而动、随性而活的人。

人生中不如意事十之八九，得失随缘吧，不要过分强求什么，不要一味地去苛求些什么。世间万事转头空，名利到头一场梦，想通了，想透了，人也就透明了，心也就豁然了。名利是绳，贪欲是绳，嫉妒和褊狭是绳，还有一些过分的强求也是绳。牵绊我们的绳子很多，一个人，只有摆脱这些心的绳索，才能享受到真正的幸福，才能体会到做人的乐趣。不要被世俗的绳结羁绊，听从内心真切的呼唤，便能享受属于自己的幸福。

淡一点，好过点

现实的社会，许多人都避免不了追求舒适的物质享受、为人欣羡的社会地位和显赫的名声，他们还在毫无审美疲劳地追逐着时尚、流行，说白了也就是物质享受和"上等人"的社会地位。专注于此，人便像被鞭子抽打的陀螺——或拼命打工、或投机钻营、应酬、奔波、操心……你就会发现自己很难再有轻松地躺在家中床上读书的时间，也很难再有与三五朋友坐在一起"侃大山"的闲暇，你忙得会忽略了自己孩子的生日，你忙得会没有时间陪父母叙叙家常……

菲律宾《商报》登过一篇署名陈美玲的文章，作者感慨她的一位病逝的朋友一生为物所役，终日忙于工作、应酬，竟连孩子念几年级都不知道。作者还写道，这位朋友为了累积更多的财富，享受更高品质的生活，他终于将健康与亲情都赔了进去。那栋尚在交付贷款的上千万元的豪宅，曾经是他最得意的成就之一，然而豪宅的气派尚未感受到，人却离开了世间。作者问：

"这样汲汲营营追求身外物的人生,到底生命感知何在,意义何在?"

而像陈美玲那样"住在恰到好处的房子里,没有一身沉重的经济负担,双休日不值班的时候,还可以带一家大小外出旅游,赏花品草……"这样的生活岂不更羡煞人?

"只有凡事看淡些,才能从容着、快乐着。"不奢求华屋广厦,不垂涎山珍海味,不追时髦,不扮贵人相,过一种简单自然的生活,一种外在的财富也许不如人,但内心享受充实富有的生活。这是自然的生活,有劳有逸,有工作着的乐趣,也有与家人共享天伦的温馨、自由活动的闲暇。

超脱了眼前的荣辱得失,宁静淡泊,是人生一大智慧。从失意处觅希望,从万全处见危机。猝然临变而不惊,无故加罪而不怒。常思人之美,不以一眚掩大德;常思己之过,医好心病心生乐。得意不自持,失意不自失,不因为荣辱兴衰而扰乱一池清水。他人之恩,自是铭心;他人之过,却是云烟,不要为他人的作为而打翻心中的天平。一颗平常心,是荣是辱,俱不过风吹清烟,守得天开见月明。

宠辱俱平常,人生境界实不平常。事事平常,事事也不平常。无论处于何种环境下,都能做到宠辱不惊的人,一定是个了不起的人,就如孔子所赞美的,不是个圣人,就是个贤人。淡泊是智者为人处世的一种境界,同样亦是胸怀宽广之人才有的气魄。面对羞辱能够气定神闲,这需要很大的自控力,而在成功之时的谨慎与不得意忘形更需要超人的自制力。

世上有许多事情的确是难以预料的,成功常常与失败相伴。人的一生,有如簇簇繁花,既有红火耀眼之时,也有暗淡萧条之日。面对成功或荣誉,不要狂喜,也不要盛气凌人,把功名利禄看轻些,看淡些;面对挫折或失败,也就不会承受不住。

一切从改变心态开始

人生不过是一张单程车票,所有走过的、经历过的都已成为不可更改的事实。所有欢欣的、所有悲伤的,无论你愿意接受,还是不愿意接受,都成为生活的真相,且成为不可更改的历史。

有两个人在大海上漂泊,想找一块生存的地方。他们首先到了一座无人的荒岛,岛上虫蛇遍地,处处都潜伏着危机,条件十分恶劣。其中一个人说:"我就在这了。这地方虽然现在差一点,但将来会是个好地方。"另一个人不满意,于是他继续漂泊,后来他终于找到一座鲜花烂漫的小岛,岛上已有人家,他们几代人努力把小岛建成了一座花园。他便留在这里做了小工,生活不好不坏。

过了很多年,一个偶然的机会,他经过那座他曾经放弃的荒岛,于是决定去拜访老友。岛上的一切使他怀疑走错了地方:高大的屋舍、整齐的田畴、健壮的青年、活泼的孩子……老友已因劳累、困顿而过早衰老,但精神仍然很好。尤其当说起变荒岛为乐园的经过时,更是神采奕奕。最后老友指着整个岛说:"这一切都是我双手干出来的,这是我的岛屿。"那个曾经错过小岛的人此时不但没有愧疚,而且还抱怨说:"为什么上天这么厚爱你?当时我要在这个岛上,也许会比你现在更好。"

当一个人开始抱怨的时候,能让我们觉得仿佛身边所有的人都对不起他,所有的事都在捉弄他。爱抱怨的人只在意自己没得到什么好处,却不想想自己付出了什么,要求事事公平,按照自己的逻辑发展,但事情的发展永远是人无法左右的，我们能掌控的只能是我们自己。

抱怨是一种心理不平衡的反应，是一种追求完美的心理和情绪化心态的外在表现。你表现得越强烈，日子过得就越辛苦，失去得也就越多。

有一天，素有森林之王之称的狮子，来到天神面前说："我很感谢你赐给我如此雄壮威武的体格，如此巨大无比的力气，让我有足够的能力统治这整片森林。"

天神听了，微笑着问："但是这不是你今天来找我的目的吧？看起来你似乎为了某事而困惑呢！"

狮子轻轻吼了一声，说："天神真是了解我啊！我今天来的确是有事相求。即使我的能力再好，每天鸡鸣的时候，也是会被鸡鸣声给吓醒。天神啊！祈求你，再赐给我一种力量，让我不再被鸡鸣声吓醒吧！"

天神笑道："你去找大象吧，它会给你一个满意的答复的。"

狮子兴冲冲地跑到湖边找大象，还没见到大象，就听到大象跺脚所发出的"砰砰"声。

狮子加速跑向大象，却看到大象正气呼呼地在跺脚。

狮子问大象："你干吗发这么大的脾气？"大象拼命摇晃着大耳朵，吼着："有只讨厌的小蚊子，总想钻进我的耳朵里，害我都快痒死了。"

狮子离开了大象，心里暗自想着："原来体形这么巨大的大象，还会怕那么瘦小的蚊子，那我还有什么好抱怨的呢？毕竟鸡鸣也不过一天一次，而蚊子却无时无刻不在骚扰着大象。这样想来，我可比它幸运多了。"

每个人都会遇到烦恼，明智的人会一笑了之，因为有些事是逃不过的，有些事是变不得的，有些事更是猜不到的。能补救的应该尽力补救，无法改变的就该坦然面对，调整好自己的心态，做该做的事情。

虽然我们常常会因为遇到了困难而暴躁不安，可是苦难不会因为你的暴躁而消失，所以，当我们纠结的时候可以尝试着放松心情、改变心态，暗示自己这是再平常不过的事情，没有什么大不了的。可以适当地倾诉，但是绝不能将心一直浸泡在不幸的洪水里。充满信心,昂首挺胸地迎接生活的挑战才是打好胜仗的前提条件。人生处处都有希望,只要你想去做,尽力做,就能做得更好。

丢掉无谓的固执

有一条河流从遥远的高山上流下来,流过了很多村庄与森林,最后它流到了一片沙漠。它想:"我已经越过了重重的障碍,这次应该也可以越过这片沙漠吧!"当它决定越过这片沙漠的时候,发现自己总是会在泥沙之中渐渐消失,它试了一次又一次,总是徒劳无功,于是,它灰心了:"也许这就是我的命运了,我永远也到不了传说中那浩瀚的大海。"它颓废地自言自语。这时候,四周响起了一阵低沉的声音:"如果微风可以跨越沙漠,那么河流也可以。"原来这是沙漠发出的声音。河流很不服气地回答说:"那是因为微风可以飞过沙漠,可是我却不可以。""因为你坚持你原来的样子,所以你永远无法跨越这个沙漠。你必须让微风带着你飞过这个沙漠,到达你的目的地。你只要愿意放弃你现在的样子,让自己蒸发到空中。"沙漠用它低沉的声音这样说。河流从来不知道有这样的事情,"放弃我现在的样子,然后消失在微风中?不!不!"河流无法接受这样的事情,毕竟它从未有这样的经验,叫它放弃自己现在的样子,那么不等于是自我毁灭了吗?"我怎么知道这是真的?"河流这么问。"微风可以把水汽包含在它之中,然后飘过沙漠,等到了适当的地点,它就把这些水汽释放出来,于是就变成了雨水,然后,这些雨水又会形成河流,继续向前进。"沙漠很有耐心地回答。"那我还是原来的河流吗?"河流问。"可以说是,也可以说不是。"沙漠回答,"不管你是一条河流或是看不见的水蒸气,你内在的本质从来没有改变。你之所以会坚持你是一条河流，因为你从来不知道自己内在的本质。"此时河流的心中，隐隐约约地想起了自己在变成河流之前，似乎也是由微风带着自己，飞到内陆某座高山的半山腰，然后变成雨水落下，才变成今日的河流，于是，河流终于鼓起勇气，投入微风张开的双臂，消失在微风之中，让微风带着它，奔向它生命中（某个阶段）的归宿。

固执是我们迈向成功的绊脚石。我们的生命历程往往也像河流一样，想要跨越生命中的障碍，达到某种程度的突破，向理想中的目标迈进，也需要有"放开自我"的智慧与勇气，去迈向未知的领域。当环境无法改变的时候，我们不妨试着改变自己。只有懂得变通，懂得顺应潮流，才能找到一条生存之道。

有一位对上帝非常虔诚的神父，很受邻人尊敬，是一个典范的神职人员。一次，突然天降暴雨，倾盆大雨连续不停地下了20天，水位高涨，迫使神父爬上了教堂的屋顶。正当他在那里浑身颤抖时，有个人划着船过来，对他说道："神父，快上来，我把你带到高地。"

神父看了看他，回答道："我一直按照上帝的旨意做事，我真诚地相信上帝，因为我是上帝的仆人，因此你可以驾船离开，我将停留在这里，上帝会救我的。"那个人划着船离去了。两天之后，水位涨得更高，神父紧紧地抱着教堂的塔顶，水在他的周围打着旋。这时，一架直升机飞来了，飞行员对他喊道："神父，快点，我放下吊架，你把吊带在身上安好，我们将把你带到安全地带。"对此神父回答道："不，不。"他又一次讲述了他一生的工作和他对上帝的信仰。这样，直升机也离去了，几个小时之后，神父被水冲走，淹死了。

神父死后，升入天堂。他对自己最后的遭遇颇为生气，来到天堂时，情绪很不好。他气冲冲地在天堂中走着，突然碰到了上帝，上帝说道："麦克唐纳神父，欢迎你！"

神父凝视着上帝，说："40年来，我一直遵照您的旨意做事，而当我最需要您的时候,您却让我被淹死了。"

上帝微笑着说:"哦!神父,请原谅,我确信我给你派去了一条船和一架直升机,是你的固执害了你。"

这位神父固执得很可悲,的确,固执者坚持己见,缺乏变通的智慧,因而常常正邪不分、忠奸不辨。没有见识,就不能观其人,听其言,察其行,因此就不能知彼知己,不能客观、公正地判断人或事,这样势必后患无穷。

我们从小就懂得"滴水穿石"、"绳锯木断"的道理,它们无一不在说明坚持不懈带来的成功,"半途而废"的行为往往让人唾弃、为人不齿,然而生活中就有些事情却需要"半途而废",即在适当的时候学会转换思维,灵活地跨越生命中的各种障碍,有时不切实际地执拗,是一种愚昧与无知,放弃则是一种智慧。

世界上唯一不变的是变化,我们每个人身处的环境每天都在改变着。如果总是固执地不懂得变通,遇事常钻牛角尖,那么我们就很难适应这个多变的世界。做人、做事如果不懂得根据环境的变化适时调整方向,往往很难成功。

屈是一种气度,伸是一种魄力

有一个人在社会上总是不得志,有人推荐他去找一位得道大师"取经"。

他找到大师,倾吐了自己的烦恼。大师沉思了一会儿,默然舀起一瓢水,问:"这水是什么形状?"这人摇头:"水哪有形状呢?"

大师不答,只是把水倒入一只杯子,这人恍然,道:"我知道了,水的形状像杯子。"

大师无语,轻轻地拿起花瓶,把水倒入其中,这人又道:"哦,难道说这水的形状像花瓶?"

大师摇头,轻轻提起花瓶,把水倒入一个盛满花土的盆中。水很快就渗入土中,消失不见了。这人陷入了沉思。这时,大师俯身抓起一把泥土,叹道:"看,水就这么消逝了,这就是人的一生。"

那个人沉思良久,忽然站起来,高兴地说:"我知道了,您是想通过水告诉我,社会就像一个个有规则的容器,人应该像水一样,在什么容器之中就像什么形状,而且,人还极可能在一个容器中消失,就像水一样,消失得迅速、突然,而且一切都无法改变。"

这人说完,眼睛急切地盯着大师,渴盼着大师的肯定。

"是这样。"大师微笑,接着说:"又不是这样!"说毕,大师出门,这人随后。在屋檐下,大师伏下身,用手在青石板的台阶上摸了一会儿,然后顿住。这人把手指伸向大师手指所触之地,那里有一个深深的凹口。

大师说:"下雨天,雨水就会从屋檐落下。你看,这个凹处就是雨水落下的结果。"

此人于是大悟:"我明白了,人可能被装入规则的容器,但又可以像这

小小的雨滴，改变这坚硬的青石板，直到容器破坏。"

大师点头："对，这块石板终究会被贯穿。"

人当如水，无常形常式，却包容万物，无往不利。能屈能伸，方为智者。这似乎与南怀瑾先生所坚持的人生哲学不谋而合。南怀瑾先生认为，人在遇到不测风云时，能站起来就站起来，站不起来就得见机振作，即要能屈能伸，不可撞到头破血流，让自己难有东山再起之日。进退皆宜，能屈能伸，人生之路才会越走越宽。

为人处世，参透屈伸之道，自能进退得宜，刚柔并济，无往不利。能屈能伸，屈是能量的积聚，伸是积聚后的释放。屈是伸的准备和积蓄，伸是屈的志向和目的；屈是充实自己，伸是展示自己；屈是圆通，是高超的处世技巧；伸是圆满，是美妙的做人心境；屈是柔，伸是刚。无论个人还是国家，都需要知晓屈伸的智慧。

遥想项羽当年，率兵反秦，称王称霸，真是英雄豪气盖云天，这样一位大英雄在败北之际，却选择了自刎。空留一曲"力拔山兮气盖世，时不利兮骓不逝。骓不逝兮可奈何，虞兮虞兮奈若何"的悲歌。如果项羽能够回到江东，也许江东子弟还会跟随他，重谋天下，其结局也就不会如此悲惨，因此，人在该示弱时当示弱，万不可因一时之意气葬送自己的一生。我们常说，大丈夫要能屈能伸。能伸难，能屈更难。屈是一种气度，伸是一种魄力。处逆境当屈则屈，此之为大丈夫。当屈不屈、意气行事、莽夫行为，易折。处顺境乘势应时，该伸则伸，伟丈夫矣。当伸不伸、一蹶不振、优柔寡断，无能。伸后能屈，需要大智。屈后能伸，需要大勇。屈有多种，并非都是胯下之辱；伸亦多样，并不一定叱咤风云。屈中有伸，伸时念屈。屈伸有度，刚柔相济。

做人就要能屈能伸，无论是在生活中还是在工作上都是如此。要学会做水一样的人，来适应这个社会，可以和一些人在一起共事，也可以一个人独立做工；可以被人捧到天上，也要学会忍受别人的责骂。在不断屈伸中慢慢地成长，来完善自己的价值观和人生观。做人若能达到屈伸自如的境地，那世界上再也没有困难和挫折、厄运和耻辱，它们全都在屈伸的转换中化作奋起的力量，帮助你去赢取前方更大的成功。

心不乱，一切终会豁然开朗

每个人的心中都难免有理性和感性上的斗争，自己和自己争讼。这种"心、意、识"自讼的状态在佛家就叫做"心兵"。如果心中随时都在打内战，妄念不生，则无法安神止意；止水澄波，心兵永息，才能天下太平。

有一位哲学家，当他还是单身汉的时候，和几个朋友一起住在一间小屋里。尽管生活非常不便，但是，他一天到晚总是乐呵呵的。

有人问他："那么多人挤在一起，连转个身都困难，有什么可乐的？"

哲学家说："朋友们在一块儿，随时都可以交换思想、交流感情，这难道不值得高兴吗？"

过了一段时间，朋友们一个个相继成家了，先后搬了出去。屋子里只剩下了哲学家一个人，但是每天他仍然很快活。

那人又问："你一个人孤孤单单的，有什么好高兴的？"

"我有很多书啊！一本书就是一个老师。和这么多老师在一起，时时刻刻都可以向它们请教，这怎能不令人高兴呢？"

几年后，哲学家也成了家，搬进了一座大楼里。这座大楼有七层，他的家在最底层。底层在这座楼里环境是最差的，上面老是往下面泼污水、丢死老鼠、破鞋子、臭袜子和杂七杂八的脏东西。那人见哲学家还是一副自得其乐的样子，好奇地问："你住这样的房间，也感到高兴吗？"

"是呀！你不知道住一楼有多少妙处啊！比如，进门就是家，不用爬很高的楼梯；搬东西方便，不必费很大的劲儿；朋友来访容易，用不着一层楼一层楼地去叩门询问，特别让我满意的是，可以在空地上养些花，种些菜。这些乐趣数之不尽啊！"

后来，那人遇到哲学家的学生，问道："你的老师总是那么快快乐乐？可我却感到，他每次所处的环境并不那么好呀。"

学生笑着说："决定一个人快乐与否，不是在于环境，而在于心境。"

再脏乱的环境，都激不起哲学家抱怨和烦恼的涟漪，仿佛外界的一切风吹草动都与他无关。淡然是一种姿态，一种气度，从生活的细微之处就可以表现出来。这种心态让我们以一颗平常心接受着现实的凝重、琐碎、磨难甚至屈辱。任何风动、幡动，都终会化成虚无的过眼云烟。

奥地利作曲家舒伯特说过："只有那些能安详忍受命运之泰者，才能享受到真正的快乐。"当我们处于不可改变的境地时，只有勇敢面对，从容地开拓，才能求得快乐宁静。

一次，某人乘农村运东西的车子回城里，车到中途忽然抛锚，那时正是夏天，午后的天气，闷热难耐。在烈日炎炎的公路上无法前进，真是让人着急，于是，他问了问司机，知道车要三四个小时才可以修好，一看情形，就知道急也没有用，反正得慢慢等车子修好才可以走，就独自步行到附近的一条河里游泳去了。河边清静凉爽，风景宜人，在河水中畅游之后，暑气全消。等他游泳尽兴回来，车子已修好待发，伴着黄昏晚风，直驶城里。之后，他逢人便说："那真是一次愉快的旅行！"

随遇而安的妙处由此可见一斑。假如换了别人，在这种情形之下，可能只好站在烈日之下，一面抱怨，一面着急，而车子也不会提早一分钟修好，那次旅行也一定是一次痛苦、烦恼的旅行。

有这么一句话：掬水月在手。意思是，苍天的月亮太高，凡尘的力量难以企及，但是开启智慧，掬一捧水，月亮就会出现在掌心。环境和遭遇常有不尽如人意的时候，问题在于一个人怎样面对不顺，知道人力不能改变困境的时候，就应面对现实、随遇而安。与其怨天尤人，徒增苦恼，还不如因势利导，适应环境，在既有的条件中，尽自己的力量和智慧去发掘乐趣。

有一则有趣的笑话：下雨了，大家都匆匆忙忙往前跑，唯有一人神态悠然，在雨中踱步，旁边大步流星跑过的人十分不解："你怎么不快跑？"此人缓缓答道："急什么，前面不也在下雨吗？"

当人们在顶着风雨匆忙奔跑之时，那个淡然安定欣赏雨景的人，正是深谙从容的生活智慧的人。在现代都市竞争激烈的大环境下，从容淡定是一种难以达到的大境界，别人都在杞人忧天、慌不择路，只有他镇定从容。任何时候都不要让心兵慌乱，保持豁达与淡定，一切终会豁然开朗。

>>> 第五章

做平常事,得异常福

一碗大米饭,一块玉米馍,皆是生活的赏赐。在喧嚣、平淡的日子里心如止水,在粗茶淡饭里咀嚼生活的味道。悲欢离合、得意失意都是生活的常态,又何必计较太多?在平平淡淡的日子里,能够拥有的就是一颗平常的心,简简单单地过日子,在如水的生活中细细感悟柴米油盐所带来的乐趣。

平常心是可以练习的

酸甜苦辣，高峰低谷，所有的这一切都是组成完整人生必不可少的内容，有大起就会有大落，太平顺就难免乏味，所以，要以平常心做事，以平常心待人，心平气和，不浮躁，生活才会充实而美好。

一对老夫妇开始谈恋爱的时间是1967年元月，那时候，粮店里的米与副食店里的肉、豆腐和百货店里的肥皂、布匹，以及煤铺里的煤等生活物资均要凭票供应，普通人家的生活清苦至极。男方的家在城郊的小菜园里，用现在的话来说，那里是当地的蔬菜基地。

女孩第一次"访地方"（当地将女方到男方家里去了解情况称为"访地方"）时，男方留她和媒婆吃午饭。菜很简单，只有两道：几个荷包蛋外加一碗萝卜丝，其中，鸡蛋是向邻居借的，萝卜则是自己种的。

在回家的路上，媒婆说男方既穷又小气，劝漂亮的女孩不要嫁过来。女孩却说男方煮的萝卜丝很好吃，说明他很能干。

过了一段时间，当女孩一个人来找男孩时，男孩刚好捉了一些鲫鱼。招待女孩的菜仍然是两道：除了油煎鲫鱼外，还有一碗红烧萝卜。吃饭时，女孩称赞男孩的萝卜做得很有特色，并说自己很喜欢吃萝卜。男孩说："是吗？你下次来我请你吃另一种口味的萝卜。"

在后来的交往中，女孩尝尽了男孩所做的不同口味的萝卜：清炒萝卜、清炖萝卜、白焖萝卜、糖醋萝卜、麻辣萝卜、萝卜干和酸萝卜等。再后来，女孩就成了这些萝卜的俘虏，嫁给了男孩，并一起走到现在。有人问当时的女孩，现在的老太太："当时为何不嫁给那些有条件煮肉、炖鸽、杀鸡的男孩,却嫁给那个只会烹饪萝卜的男孩?"老太太说:"当时我认为,一个男人在那种清贫的日子里竟能够把一种普通的萝卜烹饪出甜酸苦辣咸等几种不同的口味而令我大饱口福、弥久难忘,那么他同样能够将清贫的日子调理得色彩斑斓。谈婚论嫁,既要注重眼前,更要注重将来。这不,如今我和他结婚已30多年了,你看我们吵了几次架?更不像某些人那样动不动就闹离婚。日子虽然过得平淡了一点,但平淡中更能见真情啊!"

常言道:家称良田万顷也是日食三餐,家有广厦万间,也只能夜宿一床。水满则溢,月盈则亏,世人虽然也明白这其间的真意,但往往世事多烦扰,清新的心智因此被蒙蔽,从容的步履由此蹒跚。"高山仰止,景行行止。虽不能至,心向往之。"我们可以不是圣人,可以不是伟人,也可以不是英雄和智者,但心灵要与他们等高。心如圣者,即使行不能企及,但已足够令自己身处无上、无敌的境界,即使遇到令心灵再烦乱的事情,也能以平和的心态面对。

1944年冬天,德国纳粹终于被苏军打败了,数以百万计的德国兵成了俘虏。在莫斯科的大街上,每天都有一队队面容憔悴的德国战俘走过。这时,所有的马路都挤满了人。苏军士兵和警察警戒在战俘和围观者之间。围观者大部分是妇女,她们当中的每一个人,都是战争的受害者,每一个人,都和德国人有着一笔血债,因此,当俘虏们出现时,她们的双手都攥成了拳头,眼中充满仇恨。士兵和警察们竭力地阻挡着她们,害怕她们控制不住自己的冲动。

这时,令人意想不到的事情发生了:

一位满脸皱纹的妇女,穿着一双战争年代破旧的长筒靴。她走到一个警察身边,希望警察能让她接近俘虏。警察同意了这个老妇人的请求。她到了俘虏身边,从怀里掏出一个用印花方巾包裹的东西。里面是一块黑面包,她不好意思地把这块黑面包塞到了一个疲惫不堪的、眼神中透着绝望的俘虏的衣袋里。然后她转向身后那些充满仇恨的同胞们,平和而慈祥地说:"当这些人手持武器出现在战场上时,他们是敌人。可当被解除了武装出现在街道上时,他们就是和我们一样,都只是有父母和子女的普通人。"老妇人说完这些,就静静地离开了,但空气在那一瞬间似乎凝住了,不一会儿,很多妇女便拥向俘虏,把面包、香烟等各种东西塞给他们。

　　这位老妇人所做的事虽然不属心忧天下、情系苍生的大事业,但她的做法也足以比肩圣贤。毕竟事关天下的大事并不多,倒是这些看似微不足道的小事,却关系着个人幸福与社会和谐。由此我们也可以悟出一个道理:一个人虽不能成为孔孟一样的圣人,但只要拥有圣人的情怀做平常事,人人皆可称圣。平常心,实不平常。事事平常,事事也不平常。

　　要想拥有平常心,有一个很好的方法,那就是让心灵留下一片空白,将忧虑、憎恶、不安、罪恶彻底消除,然后,在心灵呈现空白的同时,立即注入积极、健康的想法。这样,那些负面的想法将无法对你造成影响。久而久之,那些注入脑中的新想法将在你的思想中生根,而且能击退任何负面的想法,届时你的心灵将波澜不惊,你将会永怀平常心。

琐事是生活的折射,平淡是生活的倒影

有人说,眼前的生活总是烦琐、枯燥的,如同嚼蜡,腻而无味;也有人说,眼前的生活总是诗意、美好的,如同摄影,精彩不断。为什么同是生活,不同的人有不同的判定?这是因为有些人着眼于令人愉悦的地方,能在琐事之中发现生活的惬意,而不懂欣赏生活的人,生活则永远是混混沌沌的。

一辆汽车在宾夕法尼亚州瑞克托镇本尼特家的老房子门前停下。驾车的男人下车就问:"乔治在吗?""舅舅在屋后车库修车。"本尼特回答。舅舅乔治走出来,跟这位从195公里外赶来的芝加哥来客握手,客人把一些草图摊在引擎罩上。他们认真地讨论着,一直谈到深夜,然后那人不停地向乔治道谢,开车走了。

似乎人人都要向乔治·麦当纳请教。乔治舅舅是一家之主。本尼特的生父在他出世前就离开了母亲,哥哥理查以及本尼特和罗杰这对孪生兄弟都由母亲抚养,乔治就一直舅代父职。

本尼特自小就常听到别人说:"这件事我们去找乔治商量",或者"看看乔治有什么意见"。经济大萧条期间,他的舅舅上夜校,成了工程绘图员。

本尼特的舅舅有一张和善的宽脸,笑容可掬。他对事物的内部构造有浓厚的兴趣,也很能引起别人的兴趣。他有时会指着一架机器、一件工具或者纸夹之类最普通的东西说:"试想想发明这件东西要花多少心思。"他也会教人一些常识,而绝不令人觉得枯燥。

有一次,本尼特看到理查的教科书上有"文化"一词。当晚舅舅下班回

家，本尼特便迫不及待地问他："文化是什么？"舅舅大笑起来，领他们走进屋里。一进屋，他就坐在旧安乐椅上，煞有介事地叹一口气。"这就是文化，"他咯咯地笑着说，"我们可以坐在石块或木头上面，不过坐椅已有好几千年历史了。"本尼特看着那张椅子，有点莫名其妙。

舅舅解释说，椅背的斜面、扶手的高度、坐垫的软硬程度、所用的布料和钉子，全都是数千年来人们为了"坐"——这件人人都做的事，经过反复思考、试验而决定下来的。"当你获得了温饱之后，还能对椅子想得这么多时，这就是文化——因为这表示你有时间想到艺术和音乐，想到怎样和人相处，甚至想到思想本身。"

本尼特的舅舅似乎能从最细微的事物中得到快乐与满足，比如，刚从菜圃摘下的番茄的味道，透过溪畔悬铃木的晨曦，驾车上石南山喝泉水，等等。他欣赏别人拥有的东西，比如他自知永远没希望拥有的华贵大轿车，但只是赞赏那些东西而已，并没有丝毫妒忌之意。舅舅对别人的工作和兴趣总是兴致勃勃，因此朋友有什么梦想、遇到什么困难，都会讲给他听。

本尼特的舅舅那一代人，凡是本尼特认识的，都偶尔会说起在经济大萧条时期所受的煎熬。他的舅舅也有过同样的遭遇，但从来不提。舅舅在烟雾笼罩的钢铁城北布勒道克长大，童年时外公就去世了，从此他挑起养家的责任，尝尽了艰苦。他很少提起童年，提起的都是些快乐的事。直到本尼特被大学录取，舅舅为他高兴时，本尼特才发觉，舅舅其实很渴望自己当年也有这么一个机会。可以说，舅舅从来没有赚过很多钱，也从没得过任何荣誉，但他是个真正快乐的人。

夏日周末的晚上，他和街坊在自家的厨房里一面听收音机播出的田园民歌，一面煮蚝汤。打烊时分，他坐在蒙莱杂货店柜台前，吃着乳酪和饼干，跟蒙莱聊天。深夜，他坐在卧室的油灯旁读《圣经》。

有一次，舅舅向人借了一具大望远镜，选了个无云的夏夜，在后院架起来，和孩子们一起仰望火星、金星和一弯新月，听着蟋蟀唧唧叫。黑暗中一道手电筒光向他们照射过来，原来是邻居甘博正赶来参加他们的聚会。他们举头望着浩瀚的银河，舅舅说："本尼特，你知道吗，这真合算，我们都有个永恒不朽的机会。"言语中充满了乐观。

本尼特刚毕业时,舅舅突然逝世。第二天,本尼特走进舅舅的卧室。他的办公桌上放着他的袋表、罗盘、丁字尺和工程人员手册,在一张折了角的书页上有用来做书签的纸片,他在纸上写了这样的话:"……我无论在什么境况下都可以满足,这我已经学会了。"

就在这一刻,本尼特恍然大悟,舅舅的秘密——令他这么快乐的秘密——就是一颗真诚的心。在生活的琐事中也可以感到满足,在平凡的生活中也可以享受快乐,生活本是由一连串的小事组成,幸福也并非是大起大落、大富大贵这类让人心跳加快的突降之福。琐事本是生活的折射,懂得从琐事中享受生活的人,懂得从平淡之中安闲乐适的人,才是有好心态的人。这样的人,连困难也要让他们三分。

吃亏有时是福

"吃亏是福",这是古人留给我们的一句充满哲理的话,但是,社会上肯吃亏,愿意吃亏的人却很少,反而"分毫必争"的人比比皆是。从表面上看"吃亏是福"是消极的哲学,但它实际上包括了大智若愚的智慧和以柔克刚的力量。肯吃亏的人一定心胸旷达,吃亏也能给我们带来安稳与宁静。肯吃亏的人能忍耐暂时的失败,静待时机,并且相信没有一个人能永远占着便宜,也没有一个人永远做"傻子"。

大智者,常常是若愚的,而且,唯有其"若愚",才显其"大智"本色。以下是唐代的高僧寒山与拾得两个人的对话。

一日，寒山谓拾得："今有人侮我、笑我、藐视我、毁我伤我、嫌恶恨我、诡谲欺我，则奈何？"拾得曰："子但忍受之，依他、让他、敬他、避他、苦苦耐他、不要理他。且过几年，你再看他。"

那个高傲不可一世的人的结局我们可想而知，而我们也一定可以想象得出拾得胜利的微笑——尽管这可能是一种稍带圆滑的微笑，不过，它的确会给我们的生活带来一些好处。

钱罐就是我们常常说的用铁皮或泥做的储蓄盒。在小时候，我们常将父母给的一些零用钱放进去，当这个储蓄盒满的时候，我们就将这储蓄盒打破，将其中的钱取出来，然而，当它是空的时候，它却可以保全它的自身。

同样的道理，福祸常常是并行不悖的，而且福尽则祸亦至，而祸退则福亦来，所以，我们就应该采取"愚"、"让"、"怯"、"谦"这样的态度来避祸趋福。

虽然"吃亏"在很多时候会给自己带来物质上的损失，但是一个人幸福与否，却往往是取决于他的心境如何。如果我们用外在的东西换来了心灵上的平和，那无疑是获得了人生的幸福，这便是值得的。

那么，面对吃亏，我们其一是要"安分"，"安分"使人从来不奢望那些根本就不可能得到的或根本就不存在的东西。没有妄想，也就不会有邪念。其二是"知足"，"知足"则会使我们对一切都感到满意，对所得到的一切，内心充满感激之情，所以，表面上看来"吃亏"以及"安分"、"知足"会予人以不思进取之嫌，但是，这些思想也是在教导人们成为对自己有清醒认识的人，因为，一切的祸患，不都是在于人的"不安分"与"不知足"，或者说是不肯吃亏吗？下面这个寓言故事就说明了这个道理。

秋天到了，狮王把动物们收获的玉米均分成若干个小堆，让它们每个一堆，自由选择。

当"开始"二字刚从狮王口中说出时，众动物便你推我挤地抢上前去，挑选自己中意的那堆玉米。唯独山羊站在原地不动，等众人挑选完后，它才走到那一堆无人要的玉米前。

"你真傻，刚才为什么不上去抢？看，你现在这一堆玉米又小又被虫子咬过，没人愿意要。"一向与山羊交情极好的小鹿对山羊说。

"玉米小点没关系，被虫子咬过的地方我会扔掉的。"山羊笑着说。

过了几天，狮王号召大家一起去拾柴火，准备冬天取暖用。傍晚时分，当狮王清点柴火时，发现除了山羊背来一捆又大又好外，其他动物每个只拣来几根枯树枝，更有甚者，狐狸干脆称自己肚子疼，根本就没来参加劳动。

"嗨，你怎么这么不开窍啊！"野猪对山羊说，"你费了好大劲，拣了一大捆柴火，可狮王并没有因此而表扬你呀。我们呢，只拣来那么几根，不也没挨狮王的批评吗？"

"可是，如果大家都拣那么一点点，那冬天用什么取暖？"山羊不无担心地说。

"就是挨冻也是大家一起受，不是你一个人呀！"小象也在一旁说。

第一场大雪后，狮王又号召大家出门扫雪。可除了山羊一个人在挥动扫帚之外，其他的动物要么以眼睛怕雪光刺伤为由不出门，要么说自己腰痛，根本下不了地……

当山羊扫到狼的洞口时，狼透过门缝对它说："你这个大傻帽儿！你卖命地干，狮王也不会把王位传给你！"

"我不是为了王位而劳动的。"山羊说完，又默默地去扫虎洞口前的雪。

"你呀，就是老实巴交的，吃亏的永远是你！"虎打开窗户朝正弯着腰、吃力地扫雪的山羊说。

"可是我不觉得一个人出来扫雪就是吃亏啊！相反，我感觉到很快乐！"山羊说完，又继续朝前扫去。

第二年春天，狮王得了一场重病。临终前，它把山羊召到王宫，当着所有大臣和其他动物的面，亲手把王冠戴在了山羊的头上。

"吃亏是福"，这绝不是阿Q式的精神自慰，而是高尚品德的具体表现。

"路径窄处，留一步与人行；滋味浓的，减三分让人食。"你若有这样的胸怀，就能成就一番大业。如果样样都想占便宜，最终就会件件都吃亏。

心无杂念才能宠辱不惊

生活中，人们总是牵挂得太多，太在意得失，所以情绪起伏。被负面人性牵着鼻子走的人，不可能活出洒脱的境界。

有个人问慧海禅师："禅师，你可有什么与众不同的地方？"

慧海答："有。"

"是什么呢？"

慧海答："我感觉饿的时候就吃饭，感觉疲倦的时候就睡觉。"

"这算什么与众不同的地方，每个人都是这样的，有什么区别呢？"

慧海答："当然是不一样的！"

"为什么不一样呢？"

慧海答："他们吃饭时总是想着别的事，不专心吃饭；他们睡觉时也总是做梦，睡不安稳。而我吃饭就是吃饭，什么也不想想；我睡觉的时候从来不做梦，所以睡得安稳。这就是我与众不同的地方。"

慧海禅师继续说道："世人很难做到一心一用，他们在利害得失中穿梭，囿于浮华的宠辱，产生了种种思量和千般妄想。他们在生命的表层停留不前，这是他们生命中最大的障碍，他们因此而迷失了自己，丧失了'平常心'。要知道，只有将心灵融入世界，用心去感受生命，才能找到生命的真谛。"

由此可见，心无杂念的心才是真正的平常心。这需要修行，需得磨炼，一旦我们达到了这种境界，就能在任何场合下，放松自然，保持最佳的心理状态，充分发挥自己的水平、施展自己的才华，从而实现完满的"自我"。

我们只有心无杂念，将功名利禄看穿、将胜负成败看透、将毁誉得失看破，才能获得禅宗所说的"平常心"点评。生命是一个过程，我们需要以玩味的心情对待身边所有的事情。

有时候，人们为了心中的妄念，做出违背自我的事情，因为手中拥有的东西比别人多，最终反而陷入人生的困境。以出世之精神，做入世之事业，以恬淡的心境面对万事万物，反而能够更容易"无心插柳柳成荫"。

乔治是一家会计事务所的职员，一天早上，他手上握着刚从纽约事务所发来的信函，走下佛罗里达饭店的阳台，无疑，他的假期已经泡汤了，接下来是非常忙碌的工作时刻。乔治心头一急，只想赶快进入状态，匆忙地走着。此时，一位压低帽檐、舒服地躺在摇椅上的朋友，一眼瞧见了慌乱疾走的他，就以佐治亚州特有的南部柔软腔调喊道："先生，你想赶往哪里呀？身浴佛罗里达亮丽阳光的你，不该还是如此急躁不安，来！坐坐摇椅，咱们一起完成伟大的艺术吧！"

"究竟是什么艺术？请你告诉我，我真的不晓得你是从事哪种艺术。"乔治不由得放慢了脚步，压低声音问。

"没什么，"朋友安详无事地回答，"只是想与你共享正在消失的艺术呀！如今大多数的人都已忘了它是什么了。

"我是在做日光浴艺术，闲坐此处，让慈爱温情的阳光抚慰身心，一丝丝地渗透我的灵魂，请问你曾想过'太阳'吗？"

不等乔治回答，朋友继续说道："太阳是那样暖和优雅，悄悄地照耀着大地，它不按电铃，也不打电话，只是无声无息地亲吻着大地。想想它一小时的工作量，就远超过你我一生的工作，太阳实在是太伟大了！花开草盛树茂，大地一片欣欣向荣，干旱时降下甘霖滋润大地，使人间充满生机与和平。

"我发现每当我沉醉于日光浴中，太阳就会慢慢渗透我的身体的每一部分、抚平、安定一切，并施与无穷的能量，所以我禁不住爱上日光浴——老兄，把那邮件的事丢在脑后，在我身旁坐一下吧。"

乔治依言坐下了，让温馨的太阳光晒暖全身，而后回到房间开始处理邮件，出人意料地迅速完成了工作。

无论你现在从事何种工作，无论身处什么位置，遇到的问题可能不同，但所面临的压力其实是一样的。我们必须学会去适应环境，而不是怨天尤人、沾沾自喜抑或是垂头丧气。如果能够随时保持一颗平常心，做到宠辱不惊、去留随意，就能够简简单单地面对自己的生活。下围棋的人常说平常心。所谓"平常心"，指的是无论面对什么样的比赛，都应该以平日下棋的心情去对待，这样就能下好，反之，过于兴奋，高度紧张，把一盘棋看得过重，以至于心理失衡，结果会事与愿违，该赢的棋也会输掉。

淡然面对得失，坦然接受成败

爱默生曾解释过什么是成功："笑口常开；赢得智者的尊重和孩子的热爱；获得评论家真诚的赞赏，并容忍假朋友的出卖；欣赏美的事物，发掘别人的优点，留给世界一些美好，无论是一位健康的孩子，一个小园地或一个获得改善的社会现状都可以；知道至少一人因你的存在而过得更快乐自在，这就是成功。"以出世的心做入世的事，不让世俗功利蒙蔽你的心灵，淡然面对得失，坦然接受成败，才能超脱物我，找到生命的真谛。

有个匪徒跟踪一个珠宝商人来到了大山里，一路上他总是没有机会下手。到了大山里，四周没有一个人，匪徒终于找到了下手的好机会，他拦住了珠宝商人的去路。面对劫匪，商人第一个反应就是立即逃跑。于是，一个拼命逃亡，另一个穷追不舍。走投无路的商人钻进了一个山洞里，匪徒也跟了进去。在山洞里，匪徒抓住了商人，不但抢了他的珠宝，连商人准备在夜间照明用的火把也抢去了。那个匪徒还算没有丧心病狂，他只图财没有害命。

之后，两个人各自寻找山洞的出口。山洞里黑极了，没有一丝光亮。匪徒庆幸自己把商人的火把抢来了，要不然到死也走不出这个纵横交错的山洞。他将火把点燃，借着火把的亮光在洞中行走。火把为他的行走带来了方便，他能看清脚下的石块，能看清周围的石壁，因而他不会碰壁，不会被石块绊倒。但是他始终没有走出这个山洞，最后饿死在里面。

商人失去了火把，心想着自己将要永远留在这个山洞里了，但是他又不甘心。没有了照明，他就在黑暗中摸索着前进，头不时碰在坚硬的石壁上，身体不时被石块绊倒，跌得鼻青脸肿，但是，过了一段时间，他看到从远处传来一丝光亮，那正是山洞的出口。正是因为他置身于一片黑暗之中，所以能看见那一抹细微的光亮。他便迎着那缕微光摸索爬行，最终逃离了山洞。

在黑暗中摸索的人最终走出了黑暗，有火把照明的人却永远留在了黑暗的山洞中，这并不奇怪，世间有很多事情都遵循这样的道理。我们总想得到什么，而不愿失去，却总是忘记有时失去会让我们得到更多想得到的东西。以出世之精神，做入世之事业，以恬淡的心境面对万事万物，反而能够"无心插柳柳成荫"。

曾会学士与珊禅师是多年的好朋友。有一次学士外出，偶然遇到了雪窦禅师，于是他就写了封介绍信给雪窦，让他到灵隐寺去找珊禅师，告诉他珊禅师一定会照顾他的。雪窦禅师欣然接受，然后拜别，云游去了。

这一别就是三年。一次，曾会学士因为公事，来到了灵隐寺。他突然想起了3年前曾介绍过雪窦禅师来这里，于是便问珊禅师："雪窦禅师现在怎么样了？"

珊禅师疑惑地说："没有这个人呀！是不是搞错了？"

曾会学士说:"怎么会错呢?我亲自介绍他来的!"

珊禅师十分为难,派人在寺中的上千僧众中寻找了个遍,可是找了一上午,也没有找到这个人。

曾会学士说:"你还记得拿我介绍信的那个人吗?"

珊禅师摇摇头说:"没有啊!我从来没有收到过你写的介绍信呀!"

珊禅师看学士那么着急想找到这个人,便和学士一起去找,可是找遍了每一个地方,就是不见雪窦禅师的踪影。直到天快黑的时候,才在一个很破的屋子的角落里找到了正在打坐的雪窦禅师。

曾会学士大喜地喊道:"雪窦禅师!"

雪窦见是曾会学士,也感到十分惊喜,他与珊禅师各自作礼。珊禅师一见雪窦禅师,就看出他将来一定会有不一般的造化。

各自寒暄了一阵,曾会学士问道:"三年前我亲笔写的介绍信你给丢了吗?为什么不给珊禅师看呢?害得你住这样的房子!"

雪窦禅师从衣袖里取出原封未动的介绍信还给曾会,说道:"我只是一个云游的和尚,没有什么渴求,为什么要请人介绍呢?"

雪窦禅师保持着这样的平常心:坚信只要自己努力,就不会被淹没,因而从未将自己置于某种特殊的位置。他保持着最本真的自我,也在这种平静与坦然中成就了非凡的人生价值。在雪窦禅师心中,自己只是一名云游僧,无欲也无求,挣脱世俗的诱惑,抛却名利的纷扰,虽默默无闻却终成正果。

很多人在春风得意时都容易喜形于色,在沾沾自喜中迷失自我。能够始终保持低调的行事作风的人总是少数,他们无论任何情况下都不显山露水,却往往能在"不显不露中出头",这才是智者的幸福哲学。

>>> 第六章

爱是幸福的代言人

　　冰心曾经说过：爱在左，同情在右。走在生命的旅途上，随时播种，随时开花，将这一径长途，点缀得香花弥漫，使穿枝拂叶的行人，踏着荆棘，不觉得痛苦；有泪可落，却不是悲凉。用爱播种，一定能使生命之树翠绿茂盛，无论是阳光下，还是风雨里，都可以感觉到温暖，那就是幸福……

亲情"不值一毫",却胜于千金

父母给了孩子生命,又把他们培养成人。在这漫长的过程中父母经历了许多艰辛,付出了许多爱。在每个孩子的生命历程中,没有任何一个人会像父母那样给予他们这种无私的爱,也没有任何一种付出像父母对儿女的付出一样心甘情愿。

小汉斯家经营服装生意。有时他会到他爸爸做生意的商店里去瞧瞧。那里每天都有一些收款和付款的账单要经办。汉斯往往受遣把这些账单送往邮局寄走。他渐渐觉着自己似乎也成了一个小商人。

一天,他突发奇想,想开一张账单寄给他妈妈,索取他每天帮妈妈做点事的报酬。

几天后,妈妈发现在她的餐盘旁边放着一份账单,上面写着:
母亲欠她儿子汉斯如下款项:
为取回生活用品20元;
为把信件送往邮局10元;
为在花园里帮助大人干活20元;
为他一直是个听话的好孩子10元;
共计:60元。

汉斯的母亲收下了这份账单并仔细地看了一遍,她什么话也没有说。

晚上,小汉斯在他的餐盘旁边找到了他所索取的60元报酬。正当小汉斯如愿以偿,要把这笔钱收进自己口袋时,突然发现在餐盘旁边还放着一份给他的账单。

他把账单展开读了起来：

汉斯欠他的母亲如下款项：

为在她家里过的10年幸福生活0元；

为他10年中的吃喝0元；

为在他生病时的护理0元；

为他一直有个慈爱的母亲0元；

共计：0元。

小汉斯读着读着，感到羞愧万分！过了一会儿，他怀着一颗忐忑不安的心蹑手蹑脚地走近母亲，将小脸蛋藏进了妈妈的怀里，小心翼翼地把那60元塞进了她的围裙口袋。

人是最善于索取的动物，在亲人无私的爱护下，我们渐渐觉得父母所做是理所当然，在接受时逐渐变得心安理得。朋友，请不要漠视父母为我们付出的辛劳，更别忽略了父母那颗默默奉献的心。

老舍先生在《我的母亲》一文中写道："生命是母亲给的，我之所以能长大成人，是母亲血汗灌养的。我之所以能成为一个不十分坏的人，是母亲感化的。我的性格、习惯，是母亲传给我的。她一世未曾享过一天福，临终前吃的还是粗粮。唉，还说什么呢？心痛！心痛！"

当我们理所享受着父母给予我们的一切舒适条件时，应当思考如何善待自己的父母。当代女作家毕淑敏在《孝心无价》中说："我相信每一个赤诚忠厚的孩子，都曾在心底向父母许下'孝'的宏愿，相信来日方长，相信水到渠成，相信自己必有功成名就、衣锦还乡的那一天，可以从容尽孝。"可惜人们忘了，忘了时间的残酷，忘了人生的短暂，忘了世上有永远无法报答的恩情，忘了生命本身有不堪一击的脆弱性。

诺贝尔物理学奖获得者崔琦在接受杨澜采访时，杨澜问："如果当初您不到美国读书的话，会怎样呢？"她本以为崔琦会这样回答："如果当初我不到美国读书，那我很可能现在还在河南农村种地。"但崔琦说的是："如果我那时不出国，我的父亲就不会在三年困难时期饿死！"说着，他伤心地流下了眼泪。

世界上最悲哀的事不是得不到幸福，而是得到幸福而不在意，而不珍惜。为了避免"树欲静而风不止，子欲养而亲不待"的悲剧，从现在起，多给父母打一个温馨的电话，或者送一个小小的礼物，让父母也感受到我们对他们炽热的爱。

生命之中，总有两个人将我们支撑，总有一种爱让我们心醉。亲情是一种无私的爱，人世间万千情感都是由它衍生而来的，然而生活中，我们总是对父母要求太多。我们是否想过，自己能为父母做些什么？孝心不是仅靠嘴巴，它还要靠行动。

时时行孝，及时行孝

也许在竞争激烈的现代社会，我们不得不离乡背井，外出创业；不得不忙碌终日，以至于顾不上照顾父母，而当我们认为真正拥有了可以孝顺父母的能力的时候，可能已经太晚了，因为这时候的父母已经吃不动也穿不了了，甚至已经远离了尘世。趁父母还健在的时候多为父母做点事，用实际的行动来表达我们对他们的爱和感激，而不要总是把爱埋在心里。

美国著名的成功学家卡耐基在为成年人上的一堂人生课上，曾给全班出过一道家庭作业："在下周以前去找你所爱的人，告诉他们你爱他，而那些人必须是你从没对其说过这句话的人，或者是很久没听到你说这句话的人。"

新课程开始前，卡耐基问他的学生们是否愿意把他们对别人说爱而发生的事和大家一同分享。一个中年男子从椅子上站起身，开始说话了："卡耐基先生，上礼拜你布置这个家庭作业时，我对你非常不满，因为我并没感觉有什么人需要我对他说这些话,但当我开车回家时,一个念头一闪而过,自从6年前我的父亲和我争吵过后,我们就开始彼此躲避,除了在圣诞节或其他不得不见的家庭聚会之外,我们避而不见,即使见面也从不交谈,所以,回到家时,我告诉我自己,我要告诉父亲——我爱他。

"在我作了这个决定后,忽然感到胸口上的重量似乎一下子减轻了。第二天,我一大早就起床了,因为整晚都在想这件事,辗转难眠。我很早就赶到办公室,两小时内做的事比从前一整天做的还要多。9点钟时,我打电话给爸爸,问他我下班后是否可以回家去,因为我有些事想要告诉他。父亲以暴躁的声音回答:'又是什么事?'我跟他保证,不会花很长的时间,他同意了。下午5点半,我到了父母家,按门铃,祈祷爸爸会出来开门,如果是妈妈来开门,我恐怕会丧失告白的勇气,但幸运的是,爸爸打开了门。我没有浪费一点时间,踏进门就说:'爸,我只是来告诉你,我爱你。'父亲听了我的话,不禁哭了,伸手拥抱我说:'我也爱你,儿子,原谅我竟一直没能对你这么说。'这一刻如此珍贵,我甚至期盼时间停止,但这不是我要说的重点,重点是两天后,从没告诉过我他有心脏病的爸爸忽然病发,在医院里去世了。这一刻来得如此突然,让我毫无防备。如果当时我有所迟疑,没有告诉爸爸我对他的爱,可能永远都没有机会了!所以我想对所有儿女说的是:爱你的父母,不要迟疑,从这一刻开始!"

世界上最无私、最宽容、最长久的感情是亲情。亲情带给我们无限的幸福感,它超越了美丑、财富、权势,它朴实无华,伴随着我们不断走向成熟,当我们的父母相继老去,我们又会将这份博大的爱传递给我们的孩子,正是通过这种薪火相传,我们的爱也永远流传下去。

从我们咿呀学语到十年寒窗以及最后金榜题名,父母付出了所有的精力与耐心。成年以后,为我们的工作、婚事、住房,父母又费尽了心思。当我们终于能够在社会上独当一面的时候,他们又自告奋勇承担起抚养家族第三代的任务……当他们老得不能动弹的时候,他们的愿望也仅是希望儿子闺女能常回家看看,尽量不给儿女造成太多的麻烦。

在每个孩子的生命历程中,没有一个人会像父母那样能给予他们普天之下最无私、宽厚的爱,也没有任何一种人能像父母对儿女的付出一样心甘情愿、不计回报,而我们也是一样,当我们成为父母,面对嗷嗷待哺的孩子的时候,一个新的生命轮回又开始了。

爱,需要用行动来表达,对父母的爱也是如此。现在就去做,不要等父母都不在了而空留遗憾。父母照顾孩子尽心竭力,他们的青春就这样逝去了,青丝变成了白发,但是我们在年少时却不能完全理解父母的爱。等自己也为人父母,理解了父母的苦心时,父母已经牙齿稀疏、目光浑浊,没有精力感受我们的爱了,所以,孝敬父母要及早,不要等父母都不在了才想起要孝顺,那就已经为时已晚,只能空留遗憾。孝,很多时候经不起等待。

亲情是黑夜中的北极星,我们曾经忽视它的存在,直至一天我们不辨方向,微微抬头,一束柔光指引我们迈出坚定的脚步;亲情是航行中的一道港湾,当我们一次次触礁后,缓缓驶入,这里没有狂风大浪,我们可以在此稍作停留,修补创伤,准备供给,再次高高扬帆。

爱情是艺术品,不是收藏品

《圣经》中神对男人和女人说:"你们要共进早餐,但不要在同一碗中分享;你们要共享欢乐,但不要在同一杯中啜饮。像一把琴上的两根弦,你们是分开的也是分不开的;像一座神殿的两根柱子,你们是独立的也是不能独立的。"

这段话形象地说明了婚姻关系中的两个人的关系,拉得开,但又扯不断。谁也不能过度地束缚对方,也不能彼此互不关心,这才是和谐的婚姻。可是很多人似乎并不能体会到婚姻的真谛,在他们眼里,另一半身上有很多缺点，他们常常试图通过各种途径让对方改掉坏习惯。可是习惯的产生是日积月累的作用，在对方身上已经存在了几十或者十几年，当然不会轻易改掉。于是夫妻之间的矛盾就产生了。

夫妻之间产生争执的主要原因，是他们把婚姻当成一把雕刻刀，时时刻刻都想用这把刀按照自己的要求去雕塑对方。为了达到这个理想，在婚姻生活中，当然就希望甚至迫使对方摒除以往的习惯和言行，以符合自己心中的理想形象。但是有谁愿意被雕塑成一个失去自我的人呢？于是"个性不合"、"志向不同"就成了雕刻刀下的"成品"，离婚就成了唯一的一条路。

每个人本身都是"艺术品"而不是"收藏品"，人人都企望被欣赏而不愿意被雕塑。所以不要把婚姻当成一把雕刻刀，尽想把对方雕塑成什么模样。婚姻需要的是一种艺术的眼光，要懂得从什么角度欣赏对方，而不是去束缚对方，彼此之间的空间太小了，谁都会感到不安。

100多年前，拿破仑三世，即巨人拿破仑的侄子，爱上了全世界最美丽的女人之一——特巴女伯爵玛利亚·尤琴，并且和她结了婚。

他们拥有财富、健康、权力、名声、爱情、尊敬，他们的恋爱史是一个十全十美的浪漫史。他的爱情从未像这一次燃烧得这么旺盛、狂热。

不过，这样的圣火很快就变得摇曳不定，热度也冷却了——只剩下了余烬。拿破仑三世可以使尤琴成为一位皇后，但不论是他爱的力量也好，帝王的权力也好，都无法阻止这位法西兰女人的猜疑和嫉妒。

由于她具有强烈的嫉妒心理，竟然藐视他的命令，甚至不给他一点私人的空间。当他处理国家大事的时候，她竟然冲入他的办公室里，当他讨论最重要的事务时，她却干扰不休。她不让他单独一个人坐在办公室里，总是担心他会跟其他的女人亲热。

她常常跑到她姐姐那里，数落她丈夫的不好。她会不顾一切地冲进他的书房，不停地大声辱骂他。拿破仑三世虽然身为法国皇帝，拥有十几处华丽的皇宫，却找不到一个安静的地方。

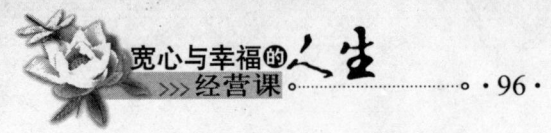

尤琴这么做，能够得到些什么？

莱哈特的巨著《拿破仑三世与尤琴：一个帝国的悲喜剧》中这样写道："于是，拿破仑三世常常在夜间，从一处小侧门溜出去，头上的软帽盖着眼睛，在他的一位亲信陪同之下，真的去找一位等待着他的美丽女人，再不然就出去看看巴黎这个古城，放松一下自己经常受压抑的心情。"

的确，尤琴是坐在法国皇后的宝座上，也是世界上最美丽的女人之一，但是她却不懂得，每个人都是一个独立的个体，你不能因为你是他的什么人而限制了他的行动，禁锢了他的自由。信任是爱情的前提，两个人在一起，如果每天都在猜疑对方在做什么，是不是做了对不起自己的事情，这样的爱情终归会变成人生的包袱，失去了原来的乐趣。

爱一个人，就应该让他感觉到幸福，而不是要给他原本疲惫的心灵增加新的创伤，所以，在夫妻生活中，一定要相互扶持、相互欣赏、相互鼓励。虽然因为个性的不同，两个人没有办法完全融为一体，但是一定要让对方感受到你的存在，让他体会到你对他的欣赏和爱护。在他犯错的时候，给予善意的提醒，而非指责，有时候一个善意的眼神也会让对方觉得很温暖；在他犯傻的时候，给予适当的爱抚，告诉他"你真可爱"，一句看似不经意的话语，却可以激起爱的涟漪，让对方感受到你的体贴。

婚姻，不是一个人的付出，只有两个人同心协力，才能维护好一个温暖的家。可是并不是所有的人都能注意到对方的付出，甚至有的人会把对方的付出看做是理所当然的。如果对方稍微有什么地方做得不好，就加以指责，这样的做法无疑会伤害对方的心，让他觉得一切的努力都付诸东流了。

相爱的人，能在对方的缺点中找寻到对方的闪光点，也能在对方的不足中寻找到内心的满足。

时刻带着欣赏的眼光看待爱人

婚姻是一份承诺、一份责任,夫妻之间应该互相关爱、互相了解、互相包容,要像光一样地照耀对方,像火一般温暖对方。

爱情需要蒙上一点点忧伤,带有一点点猜忌和犹豫,这样的爱情才有意思。而婚姻需要的则是一点点忍让,带有一点点相依和相知,这样的婚姻才能长久。

婚姻由两个不同的个体组成,两个人要和谐地生活在一起,就要为对方的生活添加幸福与快乐。为了避免可能出现的危机,你必须学会欣赏你的爱人,生活中每个人本身都是"艺术品",而不是"半成品",人人都企望被欣赏,而不愿意被雕塑。婚姻也是如此,不要把婚姻当成一把雕刻刀,净想把对方雕塑成什么模样;婚姻是一种艺术眼光,要懂得从什么角度欣赏对方,而不是去束缚对方。你要明白你的爱人是独一无二的,他(她)会陪你走完一生的时间,本着这样的心态去欣赏你的爱人,你要记得他(她)的好,要懂得欣赏他(她)的内在与外在美,你要爱他(她)、包容他(她)。婚姻中夫妻双方要相互欣赏,欣赏会使夫妻间的爱越来越醇厚。

英国著名政治家狄斯瑞利是在35岁时才向一位有钱的、比他大15岁的寡妇玛利安求婚的。玛利安既不年轻也不美貌,更不聪明,她说话充满了使人发笑的文字上的与历史上的错误。例如,她"永不知道希腊人和罗马人哪一个在先",她对服装的品位古怪,对屋舍装饰的品位奇异,但狄斯瑞利也同样地没有过分挑剔这些。无论玛利安在公众场所显出如何无知,或没有思想,狄斯瑞利永不批评她;他从未说过一句责备的话;如果有人讥笑她,他立即起来忠诚地护卫她。

狄斯瑞利也并不是毫无瑕疵的，但30年的婚姻生活中，玛利安也从未厌倦谈论她的丈夫，她总是在不断地称赞他。玛利安也常常幸福地告诉他与她的朋友们："谢谢他的爱，我的一生简直是一幕很长的喜剧。"

每个人都会有缺点，但是相爱的人能在对方的缺点中找寻到对方的闪光点，能在对方的不足中找寻到内心的满足。学会欣赏，婚姻才能稳步。正如美国著名的心理学家詹姆斯所说的："与家人交往，第一件应学的事，就是不要只注意对方的瑕疵，如果那些东西并不是激烈得与彼此相冲突的话。"可婚姻毕竟不是一朝一夕的事情，虽然它表面上是平凡、单调的，可是又有几人知道这平凡之中所含的味道。如果从现在开始，欣赏你的另一半，你的婚姻会增色不少，可是这中间也需要理解与包容的鼎力相助。

曾有人说："不管你是才华横溢，还是富甲一方，就像船只总要靠岸一样，我们每个人都需要一个为自己遮风挡雨的港湾，那便是家。当你快乐时，家是乐园；当你痛苦时，家是心灵的诊所，家的温暖会抚平你那受伤的心。"家庭在我们每一个人的成长过程中默默地散发着它的芬芳，修正着我们的劣性，治疗着我们的创伤，让我们欣然地活在它的庇护下。欣赏可以像快递般及时送达彼此的心底，共同维系这一段超越爱情和友情的情谊。

珍惜生命，因它不只属于你自己

小时候，你是爷爷奶奶手心里的宝。虽然身上没有披着黄袍，脚上也没有穿着高高的马蹄底鞋子，然而，在他们的眼里，你却是个小皇帝，抑或是小格格，时而张牙舞爪，像将军，时而可爱甜美，像公主。因为你的存在，他们快乐着。后来，你上学了，爸爸妈妈为了更好地照料你的生活与学习，把你接回了家中。虽然也会因调皮而受到父母的责备，但你依然是他们的掌上明珠，大把大把的玩具供你娱乐，成堆成堆的零食让你解馋，他们也因为有你而生活得倍加充实。再后来，你长大了，到了外地读书，到了外地工作，在繁华的都市中，遇见了一个爱你的恋人，于是，你成了恋人手心里的一块宝。

还在家乡的时候，因为有至亲的呵护，就像掉在了蜜罐里，你的快乐很单纯。如今身在异乡，假如没有亲密的恋人，你又会是谁手心里的宝呢？在外拼搏，难免会遇到各种各样的不顺与挫折，没有了家人悉心的安慰，有时候就会陷入自我消沉的情绪之中。用酒精将自己麻醉，让红绿的灯光把自己包裹，偶尔的沉沦受罪的不仅是心灵，就连承载着灵魂的身体也跟着遭殃。在意志消沉的时候，你是不是又想起了远方的亲人，是不是又想起了把你放在手心里当宝贝的爷爷奶奶和爸爸妈妈？他们的爱是那样的深刻，让你觉得无以为报，然而在他们的心里，却只要求你在他乡能够更加爱惜自己，做自己手心里的一块宝。

应该知道，你在世界上独一无二，即使找遍整个地球，也只有一个你，仅此一点你就有了足够的存在价值，要感谢上天赋予你生命，要珍爱自己。

一个在孤儿院长大的小男孩，他对这个世界有着很悲观的态度，经常满脸愁容地问院长："就像我这样的没有人要的小孩子，活着又有什么意义呢？"院长听了小男孩的问题后并没有直接地给予他回答，只是微笑。有一天，院长给了小男儿一块石头，让他拿到市场上去卖，但却嘱咐他无论别人出多高的价钱，都不能卖。小男孩疑惑地去了市场，准备"卖"他的石头。让小男孩惊奇的是，居然有很多人都对他的石头感兴趣，而且人们的价钱出得越来越高了。到了第三天，石头的价钱在市场上竟然高了10倍。又过了几日，当小男孩拿着石头到了宝石市场时，价钱又涨了10倍。由于无论别人出多高的价钱小男孩都不卖，所以这块石头被人们传为"稀世珍宝"。后来小男孩去找院长询问其中缘由，院长给了他这样的回答："生命的价值其实就像这块普通的石头，不同的环境下，这石头就有着不同的意义与价值。一块看上去并不耀眼的石头，因为你的珍惜而提升了它的价值。你不就是这样一块石头吗？只要自己爱惜自己，你的生命就有很大的价值和高贵的意义。"

一位哲人曾这样看待生命："珍惜生命，因为生命是你自己的。不过我现在要说，珍惜生命，因为生命不只是属于自己，也属于爱你的每一个人。"是啊，生命与亲情，父母将世上最珍贵的东西给了你，如果你连自己都不爱惜，那么又如何能够爱他人呢？属于你的生命只有一次，这生命的旅程非常短暂，有欢乐与甜蜜的交融，有进步与成长的辉映，更有痛苦与矛盾的交织，荆棘与坎坷的密布……

身处都市之林的现代人，生活充满了迷失、彷徨、焦虑等许多负面的情绪，常常对自己的生活不满意，对人生目标也模糊不清，终日浑浑噩噩，过一日算一日，更有甚者，任意挥霍着自己宝贵的生命。青春有限，生命无价，不管你是伟大的还是平凡的，住的是别墅还是平房，坐的是保时捷还是公交车，你都应该珍爱自己，让自己过得更好。

用爱可以提取幸福

爱,是个令人陶醉的字眼,也是一个永恒的命题。爱就像一块调色板,创造了五彩斑斓的生活,造就了人类的和谐与幸福。有了爱,生活中就会有更多的欢乐与感恩;有了爱,我们就可以把冷漠化为亲切,把仇恨变为宽容。

寒冷的街头,一个衣着破烂的丹麦小女孩站在一家蛋糕店门前,看着橱窗里的大蛋糕,眼睛都直了。她已经在寒风里站了很久。这时,蛋糕店里走出来一个漂亮的女店员:"小妹妹,你是在这里等人吗?""不,我是在向上帝祷告,请他赐给我一块漂亮又美味的大蛋糕。"小女孩认真地抬起头问:"姐姐,你说上帝能够听见我的请求吗?""会的!"女店员认真地点点头,接着,她把小女孩带进了蛋糕店。小女孩看着五颜六色的蛋糕和光亮的蜡烛,一脸的羡慕和陶醉。一会儿,女店员端来了一盆热水,拿了一条毛巾。她把小女孩带到一边,开始给小女孩洗手洗脸。小女孩的脸已经在外面被寒风冻得通红了,她睁着一双大眼睛看着这位女店员在她身边忙着,一脸的疑惑。到了最后,女店员用碟子端来一块大蛋糕,上面放着许多亮晶晶的果仁。小女孩迟疑地接过大蛋糕,眼眶里蓄满了泪水。女店员对小女孩笑了笑,说:"小妹妹,还有什么需要吗?""我可以吻你一下吗?"小女孩亲了一下女店员,俯在她的耳边轻轻地问了一句:"姐姐,你是上帝的妻子吗?"

奉献爱心就像馈赠其他礼物一样,重要的是内心,只要拥有一颗仁爱之心,就会发现自己离上帝又近了一步。人之行善,并不是体现在喋喋不休的说教中,有时一个小小的善举也可以让你成为拯救他人出苦难的上帝。

1979年，诺贝尔委员会决定从56位候选人中选出一位除了爱之外什么都没有的人作为诺贝尔和平奖的获得者，在这次评选中，特里萨成为这个奖项的获得者。授奖公报对特里萨修女的事业给予了高度的评价："她的事业有一个重要的特点：尊重人的个性、尊重人的天赋价值。那些最孤独的人、处境最悲惨的人，得到了她真诚的关怀和照料，这种情操发自她对人的尊重，完全没有居高临下施舍的姿态。"

"她在帮助穷人的事业中，作出了影响世界的最杰出贡献。"在金碧辉煌的诺贝尔奖颁奖大厅里，特里萨修女深怀感激地对全世界说："这项荣誉我个人不配领受。今天我来接受这个奖项，是代表世界上的穷人、病人和孤独的人。"她宣布，将把得到的这笔巨额奖金全部捐献给慈善机构，全部用来为穷人和受苦受难的人谋利益。颁奖仪式结束后，特里萨修女得知，那天晚上还有一场为全体来宾准备的盛大宴会，总共要花费七千一百多美元。一向克己的她不禁黯然神伤，抹去了眼角的泪水，带着深深的不安向诺贝尔委员会提出了真诚的请求：取消按照惯例举行的授奖盛宴，将省下的钱用于帮助穷人。因为这是一种极大的浪费，盛宴只能供一百多位来宾享用，如果把这笔钱交给慈善机构，却可以让一千五百位穷人吃上一天的饱饭。

诺贝尔委员会很快就答应了这一请求，把七千一百多美元统统赠予了她所领导的仁爱修会。她的请求也没有得罪任何嘉宾，反而深深地打动了他们。与此同时，瑞典全国掀起了向仁爱修会捐款的热潮。自此以后，她帮助穷人的事业，得到了全世界各国人民越来越广泛的支持。获奖后，特里萨修女遵守了"自己为穷人、病人和孤独的人领奖"的诺言，把奖金连同那七千一百多美元，全部捐给了一个为防治麻风病而建立的基金会，根本没有留下一点钱给自己。最让人肃然起敬的是，她将诺贝尔和平奖的奖章也卖了，所得捐给贫困者。

博大的爱可以感动天地，一场盛宴在无私的爱面前不再声势浩大。无私的爱不仅可以给被爱的对象带来温暖和帮助，使其走出困境，更可以感染其他人，使他们一起献出自己的爱。特里萨修女用自己博大的爱和真诚感动了诺贝尔委员会,破例取消照惯例将举行的盛宴是最好的例证。我们不一定要做出像特里萨修女那样伟大的事业,但是至少可以形成这样的习惯:在自己过得很好时,想想那些还在困境中的人们,尽自己的所能,伸出援助的手,让这个世界因为你的爱而多一分美好。

最珍贵的是此刻

生活中常有这种事情:来到跟前的往往被我们轻易放过,远在天边的我们却又苦苦追求;占有它时感到平淡无味,失去它时又觉可贵。跌入这种"得不到的总是最好的"的陷阱中,遗失了我们身边的幸福。

得不到的不一定就是最适合你的,把握现在的幸福,才是人生的大智慧。

从前,有一座圆音寺,每天都有许多人上香拜佛,香火很旺。在圆音寺庙前的横梁上有个蜘蛛结了张网,由于每天都受到香火和虔诚的祭拜的熏陶,蛛蛛便有了佛性。经过了一千多年的修炼,蛛蛛佛性增加了不少。

忽然有一天,佛祖光临了圆音寺,看见这里香火甚旺,十分高兴。离开寺庙的时候不经意间看见了横梁上的蜘蛛。佛祖停下来,问那只蜘蛛:"你我相见总算是有缘,我来问你个问题,看你修炼了这一千多年来有什么真知灼见,怎么样?"

蜘蛛遇见佛祖很是高兴,连忙答应了。佛祖问道:"世间什么才是最珍贵的?"蜘蛛想了想,回答道:"世间最珍贵的是'得不到'和'已失去'。"佛祖点了点头,离开了。

蜘蛛依旧在圆音寺的横梁上修炼。

有一天，刮起了大风，风将一滴甘露吹到了蜘蛛网上。蜘蛛望着甘露，见它晶莹透亮，很漂亮，顿生喜爱之意。蜘蛛看着甘露，它觉得这是它最开心的几天。突然，刮起了一阵大风，将甘露吹走了。蜘蛛很难过。这时佛祖又来了，问蜘蛛："蜘蛛，世间什么才是最珍贵的？"蜘蛛想到了甘露，对佛祖说："世间最珍贵的是'得不到'和'已失去'。"佛祖说："好，既然你有这样的认识，我让你到人间走一遭吧。"

蜘蛛投胎到了一个官宦家庭，成了一个富家小姐，父母为她取了个名字叫蛛儿。一晃，蛛儿16岁了，出落成了一个楚楚动人的少女。

这一日，新科状元郎甘鹿高中，皇帝决定在后花园为他举行庆功宴席。宴席上来了许多妙龄少女，包括蛛儿，还有皇帝的小公主长风公主。状元郎在席间表演诗词歌赋，大献才艺，在场的少女无一不被他倾倒。但蛛儿一点也不紧张和吃醋，因为她知道，这是佛祖赐予她的姻缘。

过了些日子，蛛儿陪同母亲上香拜佛的时候，正好甘鹿也陪同母亲而来。上完香拜过佛，二位长辈在一边说上了话。蛛儿和甘鹿便来到走廊上聊天，蛛儿很开心，终于可以和喜欢的人在一起了，但是甘鹿并没有表现出对她的喜爱。蛛儿对甘鹿说："你难道不曾记得16年前圆音寺蜘蛛网上的事情了吗？"甘鹿很诧异，说："蛛儿姑娘，你漂亮，也很讨人喜欢，但你的想象力未免丰富了一点吧。"说罢便和母亲离开了。

几天后，皇帝下诏，命新科状元甘鹿和长风公主完婚，蛛儿和太子芝草完婚。这一消息对蛛儿如同晴天霹雳，她怎么也想不通，佛祖竟然这样对她。几日来，她不吃不喝，穷究极思，生命危在旦夕。太子芝草知道了，急忙赶来，扑倒在床边，对奄奄一息的蛛儿说道："那日，在后花园众姑娘中，我对你一见钟情，我苦求父皇，他才答应。如果你死了，那么我也就不活了。"说着就拿起了宝剑准备自刎。

这时，佛祖来了，他对快要出壳的蛛儿灵魂说："蜘蛛，你可曾想过，甘露（甘鹿）是风（长风公主）带来的，最后也是风将它带走的。甘鹿是属于长风公主的，他对你不过是生命中的一段插曲。而太子芝草是当年圆音寺门前的一棵小草，他看了你一千年，爱慕了你一千年，但你却从没有低下头看过它。蜘蛛，我再问你，世间什么才是最珍贵的？"蜘蛛一下子大彻大悟，对佛祖说："世间最珍贵的不是'得不到'和'已失去'，而是现在能把握的幸福。"刚说完，佛祖就离开了，蛛儿的灵魂也回位了，她睁开眼睛，看到正要自刎的太子芝草，马上把太子的宝剑打落，和太子深情地抱在了一起……

我们要懂得珍惜摆在我们面前的爱，不要等到失去了才追悔莫及，也不要把所有的特别合心意的希望都放在未来，这样我们才能及时品味到人生的乐趣。

"世间最珍贵的是'得不到'和'已失去'。"生活总是这样捉弄人，想要的得不到，不留恋的却偏偏徜徉身边。当那个"爱我的人"对我们还恋恋不舍的时候，我们以为这一切幸福都不会消失，我们理所当然地接受他们的爱，心里却在为"得不到"与"已失去"黯然神伤。日子一天天地滑过，直到有一天那个"爱我的人"因失望而选择离开时，我们才蓦然惊醒：原来他才是上天许给我的姻缘！缘分天注定，唯一要懂得的道理是：珍惜摆在我们面前的爱。

不仅是爱情，友情和亲情也需要用心去等候和追求，然而生命也常常在这种固执的等待中悄然流逝了。人们常常不懂得如何去珍惜身边的和已经拥有的，也不知道，自己已经得到的，其实就是最大的幸福、最真的爱！

>>> 第七章

谅己谅人，幸福才能长久

人们在一起，难免会因为一些事情发生摩擦，难免会因为失误而彼此伤害，但是纷争并不是我们共同的追求，宽容才是我们唯一的信仰。放开胸怀，用宽容的心胸去接纳这个世界的所有，幸福将会不期而至。

笑纳别人的优秀

从前,有两位很要好的年轻人,他们结伴而行去寻找幸福。两位年轻人历尽艰辛,风餐露宿,走了两个多月后,来到了一片森林,在林中遇到了一位白发老者。当老者知道他们的去向后,高兴地说:"真是有缘啊,我与你们要去的地方是同一个方向,一路上我们可以结伴,旅途就不寂寞了,并且大家可以相互照应。"

一路上,两位年轻人与白发老者相处得很融洽。在走到一个十字路口时,白发老者停下脚步说:"亲爱的孩子们,我在这个十字路口就要和你们分手了。在分手前,我要送给你们一个礼物,就是你们当中一个人先许愿,他的愿望一定会马上实现;而第二个人,就可以得到那愿望的两倍!"此时,其中一位年轻人心里一想:这太棒了,我已经知道我想要许什么愿。但我不要先讲,因为如果我先许愿,我就吃亏了,他就可以有双倍的礼物!而另外一位年轻人也自忖:我怎么可以先讲,让我的朋友获得加倍的礼物呢?

于是,两位年轻人就开始客气起来:"你先讲嘛!"

"你比较年长,你先许愿吧!"

"不,应该你先许愿!"两位年轻人彼此推来推去,"客套地"推辞一番后,两人就开始不耐烦起来,气氛也变了。

"你干吗!你先讲啊!"

"为什么我先讲?"两人互相推让到最后,其中一人生气了,大声说道:"喂,你真是个不识相、不知好歹的人,你再不许愿的话,看我怎么收拾你。"

另外一人没有想到他的朋友居然变脸,来恐吓自己,于是想:你这么无情无义,我也不必对你太客气。我没办法得到的东西,你也休想得到!于是，这一年轻人干脆把心一横，狠心地说道："好，我先许愿！我希望——我的一只眼睛——瞎掉！"很快地，这位年轻人的一只眼睛马上瞎掉了，而与他同行的好朋友的两只眼睛也立刻都瞎掉了！

弗朗西斯·培根说过："犹如毁掉麦子一样，嫉妒这恶魔总是在暗地里，悄悄地毁掉人间美好的东西！"可以这样说，嫉妒是绿眼妖魔，谁做了它的俘虏，谁就要受到它的愚弄。

庆幸的是，嫉妒不是天生的。嫉妒的人有三个心理活动阶段：嫉羡——嫉优——嫉恨。这三个阶段都有嫉妒的成分，而且是从少到多。嫉羡中羡慕为主，嫉妒为辅；嫉优中嫉妒的成分增多，已经到了怕别人威胁自己的地步了；嫉恨者的嫉妒之火已熊熊燃烧到了难以消除的地步。这把嫉恨之火，没有燃向别人，而是炙烤着自己的心，使自己没有片刻宁静，于是便绞尽脑汁去想方设法诋毁别人，这就使他形神两亏了。嫉妒实质上是用别人的成绩进行自我折磨，别人并不因此有何逊色，自己却因此痛苦不堪，有的嫉妒者甚至采用极端行为走向犯罪深渊。

一些人之所以嫉妒别人，一个重要的原因是自己不求上进，又怕别人超过自己，似乎别人成功了就意味着自己失败，最好大家都成矮子，才能显出自己高大。于是，"事修而谤兴，德高而毁来"；"怠者不能修，而忌者畏人修"；"我不学好，你也别学好，我当穷光蛋，你也得喝凉水"。这是一种十分有害的心理，这些人的骨子里充满了"怠"与"嫉"，无论对己、对社会、对国家的发展都是十分有害的。

荀子说："士有妒友，则贤交不亲；君有妒臣，则贤人不至。"有嫉妒心的人如果不猛醒，前途不会美妙。如果想调适自我，就要有颗宽心，装得下别人的优点和优越，定期梳理和内省自己的心灵，才能确保不被心魔所控制，从而避免无穷的祸害，不至于害人害己。

宽容让摩擦去无踪

生活中，我们要学会宽容、大度。古人说："大度集群朋。"一个人若有宽宏的度量，他的身边便会聚集大群知心朋友，所以，小事，不要太过计较，要原谅别人的过失；不如意的事来临时，要泰然处之，不为所累；受人讥讽时，不要睚眦必报，要学会吃亏，把便宜让给别人。相信只要多看别人的优点，少盯着别人的缺点，每一个人都会是可爱的。

俄国大文豪托尔斯泰虽然很有名，又出身贵族，但他喜欢和平民百姓在一起，与他们交朋友，从不摆大作家的架子。一次，他长途旅行时，路过一个小火车站。他想到车站里走走，便来到月台上。这时，一列火车正要开动，汽笛已经拉响了。托尔斯泰正在月台上慢慢走着，忽然，一位先生从列车车窗里冲他直喊："老头儿！老头儿！快替我到候车室把我的皮包取来，我忘记提过来了。"原来，这位先生见托尔斯泰衣着简朴，还沾了不少尘土，便把他当做车站的搬运工了。托尔斯泰赶忙跑进候车室拿来皮包，递给了这位先生。"谢谢啦！"那位先生对着托尔斯泰说，并随手递给他一枚硬币，"这是赏给你的。"

托尔斯泰接过硬币，瞧了瞧，装进了口袋。就在这位先生赏给托尔斯泰硬币的时候，旁边的一位旅客认出了这个风尘仆仆的"搬运工"，就大声对这位先生叫道："先生，您知道您赏钱给谁了吗？他就是托尔斯泰呀！"

"啊！老天爷呀！"这位先生惊呼起来，"我这是在干什么事呀！"他对托尔斯泰急切地解释说："托尔斯泰先生！托尔斯泰先生！看在上帝的面上，请别计较！请把硬币还给我吧，我怎么能给您小费，多不好意思！我这是干出什么事来啦！"

"先生，您干吗这么激动？"托尔斯泰满面笑容地说，"您又没做什么坏事！这个硬币是我挣来的，我得收下。"汽笛再次长鸣，列车缓缓开动，带走了那位惶惑不安的先生，留下了快乐的托尔斯泰。

在与别人交往的时候，能够做到遭人误解不但不恼、而且注意不伤害对方面子的人，具有宽容的品德。这样的人最值得赞赏，同时也生活得最快活。

宽容别人就是善待自己，你希望别人善待自己，就要善待别人，要将心比心，多给别人一些关怀、尊重和理解。人总是喜欢和宽容厚道的人交朋友的，正所谓"宽则得众"。在交往中，我们对他人的要求不能太过分，不能强求于人，能让人时且让人，能容人处且容人。一旦别人犯了错误，我们也不要嫌弃，原谅别人的过失。"海纳百川，有容乃大"，一个拥有这种胸怀的人又怎么会不成功呢？

宽容是一种大度，能容下人世间酸甜苦辣，能化解所有恩怨是非。在"山重水复疑无路"时，学会宽容，便会"柳暗花明又一村"。试想一下，当你的同桌不小心把你借给他的漫画书弄丢时，你是抱怨责备他，还是原谅他的过失呢？选择前者，你可能会失去一个好朋友，而选择后者，你一定会收获到他的尊重与敬佩，你将会得到一份更诚挚的友谊！这就是宽容的力量。学会宽容，朋友之间便会多几分理解，多几分感激；学会宽容，人世间便会多几分温暖，多几分关爱。

学会宽容吧！因为宽容，许多烦恼琐事，便会不战自败，便会自动烟消云散。宽容，会让我们的青春更加美丽！天下没有两片相同的树叶，也没有两个完全相同的人。俗话说，"尺有所短，寸有所长"，人的性格、特长各有差异，在处理人际关系时不能强求一致。人与人要和谐相处，就要有宽广的胸怀，求同存异、相互谅解。既然我们自身都不完美，那又怎能苛求他人完美无缺呢？

有时不妨装装糊涂

在人际交往中，有的事不必弄得太明白，即使心里明白，也不一定要说出来。该糊涂时得糊涂。"大辨若讷，大巧若拙，大智若愚"说的就是这个道理。

魏王的异母兄弟信陵君，在当时名列"春秋四公子"之一，知名度极高，因仰慕信陵君之名而前往的门客达三千人之多。有一天，信陵君正和魏王在官中下棋消遣，忽然接到报告，说是北方国境升起了狼烟，可能是敌人来袭的信号。魏王一听到这个消息，立刻放下棋子，打算召集群臣共商应敌事宜。坐在一旁的信陵君则不慌不忙地阻止魏王，说道："先别着急，或许是邻国君主行围猎，我们的边境哨兵一时看错，误以为敌人来袭，所以升起烟火，以示警戒。"过了一会儿，又有报告说，刚才升起狼烟报告敌人来袭是错误的，事实上是邻国君主在打猎。

于是，魏王很惊讶地问信陵君："你怎么知道这件事情？"信陵君很得意地回答："我在邻国布有眼线，所以早就知道邻国君王今天会去打猎。"从此，魏王对信陵君渐渐疏远了。后来，信陵君受到别人的诬陷，失去了魏王的信赖，晚年沉湎于酒色，终致病死。

正所谓"古今得祸，精明人十居其九"，信陵君以为他如是一说便能得到魏王的褒奖，没想到反而落得个失宠的下场。有的时候，明白某个道理，把它装在心里总比说出来的好。

《三国演义》中的杨修才华横溢，能够洞悉他人的想法，但最终招致杀身之祸。在随军征战的多年中，他被提拔得很慢，显然是曹操讨厌他的缘故。但是，他没有意识到曹操本人生性多疑，凡事他都一语道破，只会让曹操越来越厌恶他。如果他能迎合曹操不表现他的聪明，或适时适地适量地表现才能，那么他至少可以保全性命，得到重用。在职场中也是同样的道理，试想一下，有哪一个上级会愿意让部下全部都知道他的心思和他的用意呢？杨修之死便在于他不知道聪明反被聪明误的道理啊！

明代时，况钟最初以小吏的低微身份追随尚书吕震左右。况钟虽是小吏，但头脑精明，办事忠诚。吕震十分欣赏他的才能，推荐他当主管，升郎中，后出任苏州知府。

初到苏州，况钟假装对政务一窍不通，凡事问这问那。府里的小吏们怀抱公文，个个围着况钟转悠，请他批示。况钟佯装不知，瞻前顾后地询问小吏，小吏说可行就批准，小吏说不行就不批准，一切听从部属的安排。这样一来，许多官吏乐得手舞足蹈，个个眉开眼笑，说况钟是个大笨蛋。

过了三天，况钟召集全府上下官员，一改往日温柔愚笨之态，大声责骂道："你们这些人中，有许多奸佞之徒，某某事可行，他却阻止我去办，某某事不可行，他则怂恿我，以为我是个糊涂虫，耍弄我，实在太可恶了！"况钟下令，将其中的几个小吏捆绑起来一顿狠揍，鞭挞后扔到街上。

此举使余下的几个部属胆战心惊，原来知府大人心里明亮着呢！个个一改拖拉、懒散的样子，积极地工作，从此苏州得到大治，百姓安居乐业。

况钟先装糊涂，把自己置于旁观者的位置冷眼细看，看清楚之后心中有数，做事就可以很主动了。如果一开始他便显出非常聪明能干的样子来，只怕他人早有防备之心，从而在他面前小心翼翼地掩盖自己的短处，表现自己的长处，恐怕时间长了便分不清孰优孰劣了。

有时候我们不要让自己太聪明，很多人不希望我们看透他们的心思。学会装装糊涂，懂得"明知故昧"。"明知故昧"说的就是明明知道的事情却装糊涂装作不知道，看得清楚的东西却装作看不见，也就是虽明白一切，却故意装糊涂。在生活中，这从表面上看来是不好的态度，但作为一种明哲保身的方法还是可为的。

揣着明白装糊涂有时也是必要的，但是，不要忘了，真诚才是做人的根本。

宽容是上天赐予我们的最美丽的生活原则，它使人类在面对宇宙的浩瀚时不再感到渺小，它使我们从此过上一种涵盖一切和关照一切的有深度的生活，"只有理解一切，才能成就一切"，宽容最终能把地狱变为美丽的天堂。

林肯曾用爱的力量在历史上写下了永垂不朽的一页：当林肯参选总统时，他的强敌斯坦顿为某些原因而憎恨他，斯坦顿想尽办法在公众面前侮辱他，毫不保留地攻击他的外表，故意制造事端来为难他。尽管如此，当林肯当选美国总统时，得找几个人当他的内阁与他一同策划国家大事，其中必须选一位最重要的参谋总长，他不选别人，却选了斯坦顿。当消息传出时，一片喧哗，街头巷尾议论纷纷。有人对林肯说："恐怕您选错人了吧！您不知道他从前如何诽谤您吗？他一定会扯您的后腿，您要三思而后行啊！"林肯不为所动，他回答说："我认识斯坦顿，我也知道他从前对我的批评，但为了国家前途，我认为他最适合这个职务。"果然，斯坦顿为国家以及林肯做了不少的事。过了几年，当林肯被暗杀后，他受到了人民的赞颂。然而，所有赞颂的话语中，要算斯坦顿的话最有分量了。他说："林肯是世人中最值得敬佩的人，他的名字将流传万世。"

学会宽容，意味着你不会睚眦必报，从而拥有一份潇洒的风采。在人类历史的进程中，党同伐异的事不胜枚举。其实每个人或多或少都带有自以为是的倾向，对与自己不同的见解、行为，一概排斥、贬低，甚至明枪暗箭，弄得自己神经紧张，终日心事重重。要知道，应以宽容心来处世，也要宽容地接受各种思想。能够宽容待人宽怀处世，不但需要广阔的胸襟，而且需要拥抱的勇气。当然，给别人以宽容的时候自己也可以获得一份宽慰和解脱，毕竟，没有结扣的心是无比舒畅的。能够化解彼此间的矛盾和误会，对于施者和受者都是精神上的一次放松。甚至一个小小的拥抱也可以为你赢得人心，赢得尊重。

过去的让它过去

在"二战"期间，一支部队在森林中与敌军相遇，发生激战。最后两名来自同一个小镇的战士与部队失去了联系。两人在森林中艰难跋涉，互相鼓励、安慰。半个月过去了，他们仍未与部队联系上，幸运的是，他们打死了一只鹿，依靠鹿肉又可以艰难度过几日了，然而，这以后他们再也没看到任何动物。仅剩下的一些鹿肉，背在年轻战士的身上。

这一天他们在森林中遇到了敌人，经过再一次激战，两人巧妙地避开了敌人。就在他们自以为已安全时，只听到一声枪响，走在前面的年轻战士中了一枪，幸亏在肩膀上。后面的战友惶恐地跑了过来，他害怕得语无伦次，抱起战友的身体泪流不止，赶忙把自己的衬衣撕下来包扎战友的伤口。

到了晚上，未受伤的战士一直念叨着母亲，两眼直勾勾的。两人都以为他们的生命即将结束，身边的鹿肉谁也没动。天亮后，部队救出了他们。

30年过去了，那位受伤的战士说："我知道谁开的那一枪，他就是我的战友。他去年去世了。在他抱住我时，我碰到了他发热的枪管，但当晚我就宽恕了他。我知道他想独吞我身上带的鹿肉活下来，但我也知道他活下来是为了他的母亲。30年了，我装着根本不知道此事，也从不提及。战争太残酷了，他母亲还是没有等到他回来，我和他一起祭奠了老人家。他跪下来，请求我原谅他，我没让他说下去。我们又做了二十几年的朋友，我没有理由不宽恕他。"

宽恕，是一种智慧。懂得宽恕的人，堪称一个智慧的人。他能使自己心性平静、神采安逸。他不会因为自己的个人得失而心潮起伏，也不会因为蝇头小利而斤斤计较，更不会为了鸡毛蒜皮之事而与人争得你死我活、脸红脖子粗。

一个周五的早晨，格兰的礼品店依旧开门很早。格兰静静地坐在柜台后边，欣赏着礼品店里各式各样的礼品和鲜花。忽然，礼品店的门被推开了，走进来一位年轻人。他的脸色显得很阴沉，眼睛浏览着礼品店里的礼品和鲜花，最终将视线固定在一个精致的水晶乌龟上面。"先生，请问您想买这件礼品吗？"格兰亲切地问。可是，年轻人的眼光依旧很冰冷。"这件礼品多少钱？"年轻人问了一句。"50元。"格兰回答道。年轻人听格兰说完后，伸手掏出50元钱甩在柜台上。格兰很奇怪，自从礼品店开业以来，她还从没遇到过这样豪爽、慷慨的买主呢。"先生，您想将这个礼品送给谁呢？"格兰试探地问了一句。"送给我的新娘，我们明天就要结婚了。"年轻人依旧面色冰冷地回答着。格兰心里咯噔一下：什么？要送一只乌龟给自己的新娘，那岂不是给他们的婚姻安上一颗定时炸弹？格兰沉重地想了一会，对年轻人说："先生，这件礼品一定要好好包装一下，才会给你的新娘带来更大的惊喜。可是今天这里没有包装盒了，请你明天早晨再来取好吗？我一定会利用今天晚上为您赶制一个新的、漂亮的礼品盒……""谢谢你！"年轻人说完转身走了。

第二天清晨，年轻人早早地来到了礼品店，取走了格兰为他赶制的精致的礼品盒。年轻人匆匆地来到了结婚礼堂——但新郎不是他，而是另外一个年轻人！他快步跑到新娘跟前，双手将精致的礼品盒捧给新娘，而后，转身迅速地跑回了自己的家中，焦急地等待着新娘愤怒与责怪的电话。在等待中，他的泪水扑簌簌地流了下来，有些后悔自己不该这样做。傍晚，婚礼刚刚结束的新娘便给他打来了电话："谢谢你，谢谢你送我这样好的礼物，谢谢你终于能明白一切，能原谅我了……"电话的一边新娘高兴而感激地说着。年轻人万分疑惑，他什么也没说，便挂断了电话，但他似乎又明白了什么，迅速地跑到了格兰的礼品店。推开门，他惊奇地发现，在礼品店的橱窗里依旧静静地躺着那只精致的水晶乌龟！

一切都已经明白了，年轻人静静地望着眼前的格兰。而格兰依然静静地坐在柜台后边，冲着年轻人轻轻地微笑了一下。年轻人冰冷的面孔终于在这瞬间写满了感激与尊敬："谢谢你，谢谢你，让我又找回了我自己。"格兰笑着说："先生，过去的就让它过去吧，你的宽容会为一对新人带来幸福的。"年轻人抬起头问道："我想知道我送给他们的究竟是什么？""是两颗相交在一起的水晶心。"格兰淡淡地答道。

以恨对恨，恨永远存在。在无尽的怨恨、愤怒当中，我们自己也无法做到心平气和，生活中看不到阳光和鲜花。表面上是在怨恨、报复曾经伤害过自己的人，却没有意识到是在伤害自己，自己的内心完全被烦恼、痛苦、仇恨所占据。越恨别人，越是要处心积虑地报复别人，自己就越不开心、心灵也就越扭曲。在报复别人的时候，自己内心也无法做到释然。不能饶恕别人，也就不能饶恕自己。

以爱对恨，恨自然会消失，心中自然会洒满阳光。在宽容他人的同时，自己也收获了一份快乐。当自己的行为对别人提供了帮助，自己也会感到充实、幸福。有益于他人，也就是有益于自己。这也就是自己从爱中得到的回报。

挑剔他人等于孤立自己

每个人都有可取的一面,也有不足的地方。与人相处,如果总是苛求十全十美,那么永远也交不到真的朋友。清代名臣曾国藩就曾经说过:"概天下无无瑕之才,无隙之交。大过改之,微瑕涵之,则可。"意思是说,天下没有一点缺点也没有的人,没有一点缝隙也没有的朋友。有了大的错误,要能够改正,剩下小的缺陷,人们给予包容,就可以了。

曾国藩在长沙读书,有一位同学性情暴躁,对人很不友善。因为曾国藩的书桌是靠近窗户的,他就说:"教室里的光线都是从窗户射进来的,你的桌子放在了窗前,把光线挡住了,这让我们怎么读书?"他命令曾国藩把桌子搬开。曾国藩也不与他争辩,搬着书桌就去了角落里。曾国藩喜欢夜读,每每到了深夜,还在用功。那位同学又看不惯了:"这么晚了还不睡觉,打扰别人的休息,别人第二天怎么上课啊?"曾国藩听了,不敢大声朗诵了,只在心里默读。一段时间之后,曾国藩中了举人,那人听了,就说:"他把桌子搬到了角落,也把原本属于我的风水带去了角落,他是沾了我的光才考中举人的。"别人听他这么一说,都为曾国藩鸣不平,觉得那个同学欺人太甚。可是曾国藩毫不在意,还安慰别人说:"他就是那样子的人,就让他说吧,我们不要与他计较。"

凡是成大事者,都有广阔的胸襟。他们在与别人相处的时候,不会计较别人的短处,而是以一颗平常心看待别人的长处,善于发现别人的优点,弥补自己的不足。如果眼睛只能看到别人的短处,那么这个人的眼里就只有不好和缺陷，而看不到别人美好的一面。

在生活中，每个人都可能跟别人发生矛盾。如果一味地跟别人计较，就可能浪费自己很多精力。与其把自己的时间浪费在一些鸡毛蒜皮的小事上，不如就放开胸怀，给别人一次机会，也可以让自己有更多的精力去做更多有意义的事情。

一位在山中茅屋修行的禅师，有一天趁夜色到林中散步，在皎洁的月光下，突然开悟。他喜悦地走回住处，眼见到自己的茅屋遭小偷光顾。找不到任何财物的小偷要离开的时候在门口遇见了禅师。原来，禅师怕惊动小偷，一直站在门口等待。他知道小偷一定找不到任何值钱的东西，就把自己的外衣脱掉拿在手上。

小偷遇见禅师，正感到惊愕的时候，禅师说："你走那么远的山路来探望我，总不能让你空手而回呀！夜凉了，你带着这件衣服走吧！"说着，就把衣服披在小偷身上，小偷不知所措，低着头溜走了。

禅师看着小偷的背影穿过明亮的月光消失在山林之中，不禁感慨地说："可怜的人呀！但愿我能送一轮明月给他。"

禅师目送小偷走了以后，回到茅屋赤身打坐，他看着窗外的明月，进入空境。

第二天，他睁开眼睛，看到他披在小偷身上的外衣被整齐地叠好，放在了门口。禅师非常高兴，喃喃地说："我终于送了他一轮明月！"

面对盗贼，禅师既没有责骂，也没有告官，而是以宽容的心原谅了他，禅师的宽容和原谅终于换得了小偷的醒悟。可见，宽容比强硬更具有感召力。我们与别人相处时，总想着挑出对方一些毛病来，但是往往因为说话的态度不好，使得两个人吵起来，甚至大打出手。其实，牙齿哪有不碰到舌头的？很多事情忍耐一下，也就过去了。有些矛盾的产生，别人也不一定就是故意的，我们给予他包容，他可能会主动认识到错误，也给自己减少了很多麻烦。

人性混合着伟大与渺小，善与恶，崇高与卑微，大家都是如此，相差无几。有些人性格较强，机会较多，因此可以更自由地表现天性，但骨子里的人性是相同的。

斯宾诺莎说："心不是靠武力征服，而是靠爱和宽容大度征服。"如果一个人能原谅、宽容别人的冒犯，就证明他的心灵是成熟的。做人要心胸开阔，对事要思想开明。宽恕别人所不能宽恕，这才是一种高贵的行为。

别让猜疑乱了你的心智

本来应该信任的人，却无故地猜疑；本来可以成为合作伙伴，到后来却成为仇敌。猜疑就是无缘无故地对一些自己并不知道的人或事进行各种设想，并让自己信以为真。怀疑一切与信任一切都是错误的，能得乎其中方为正道。

猜疑是一种狭隘的、片面的、缺乏根据的盲目想象。陷入猜疑误区的人会活得很累。如果猜疑发生在朋友之间，会破坏纯真的友谊；发生在恋人之间，会妨碍感情的发展；发生在同事之间，会影响正常的工作。猜疑心理不但害人，而且害己。哪怕是一点点猜疑，也可能让你失去最珍贵的东西。

猜疑别人也是在怀疑自己。我们的心胸时而被猜疑打开，时而又被猜疑关闭。猜疑是一种矛盾心理的体现。过分地猜疑极容易转变成精神病态。猜疑使我们产生犹疑，不能果断地处理问题，而错失许多良机。猜疑会产生许多痛苦的细胞，使我们彻夜难眠。因此，化解那些不必要的猜疑的最好方法就是相信自己。我们对春天猜疑，便会错过秋天的丰收。

两个人结伴横穿沙漠，水喝完了，其中一人中暑不能行动，剩下的那个健康而饥渴的人对同伴说："你在这里等着，我去找水。"他把手枪塞在同伴的手里，说："枪里有五颗子弹，记住，三小时后，每小时对空鸣枪一次，枪声会告诉我你在的位置，这样我就能顺利找到你。"

两人分手后，一个人充满信心地去找水了。另一个人满腹狐疑地躺在那里等候，他看着手表，按时鸣枪，但他一直以为只有自己才能听到枪声，他的恐惧加深，认为同伴找水失败，中途渴死，过了一会儿他又想一定是同伴找到了水，却弃自己而去。到应该开第五枪的时候，这人悲愤地想："这是最后一颗子弹了，同伴早已听不到我的枪声了，等到这颗子弹用过之后，我还有什么依靠呢？只有等死了，而在临死前，秃鹰会啄瞎我的眼睛，那时该多么痛苦，还不如……"于是他颤抖着把枪口对准自己的太阳穴，扣动了扳机。

不久，那个提着满壶清水的同伴领着一队骆驼商旅循声而至，但是他们找到的只是一具尸体。

在沙漠里等候的人不是被沙漠的恶劣环境吞没，而是被自己的恶劣心境毁灭。面对友情，他用猜疑代替了信任；身处困境，他用绝望驱散了希望。猜疑是有害的，由于不相信别人，反而会使自己陷入困境，甚至是丢掉性命。虽然在生活中难免出现意外，我们免不了对自己的情况产生一些怀疑，但如果对任何事都无端怀疑，而且在没有根据的情况下，坚定地相信自己的判断，不相信他人，整天疑神疑鬼，这就是不良心理现象了。这种人整天忧心忡忡，对于一切的事情都在担忧，总觉得无论自己做什么事、说什么话，都有人在议论自己的一举一动，甚至总有人在跟自己过不去。其实呢，大家根本没去注意他，在这个飞速发展的时代，每个人都有自己忙不完的工作，谁还有那些闲情逸致去管别人的事呢？都是猜疑惹的祸。

英国哲学家培根说："猜疑的根源产生于对事物缺乏认识，所以多了解情况是解除疑心病的有效办法。"要采取用事实说话的方法，逐步消除自己的猜疑心。当你疑心别人在讽刺你、轻视你的时候，不要马上采取行动，先观察一下，你的猜疑是否正确。不妨设身处地去为对方设想一下，看他的言行是否合乎情理。这样一来，也许你会发现，事情常常和你猜想的不一样。

多疑的人应特别注意同别人坦诚相处，有了彼此间的信任，猜疑的基础就不存在了。如果对某人产生了猜疑，可以主动与对方接触，开诚布公地谈一谈，多沟通思想，互相交心通气。这样不但可以消除误会，驱散疑云，还能进一步增进彼此间的友谊，并且融洽关系，互相信任，有利于团结一致、携手前进，因多疑而引起的焦虑苦恼也就一扫而光。

有时候，敌人比朋友更真诚

古时候，有一位首领，在领兵跟敌国作战时，遇到顽强抵抗，战争异常残酷，持续了几个月之久。一次，敌方将领想出一个"擒贼擒王"的计策——派一位武士行刺首领。这位武士骁勇机警、行动敏捷，他躲开岗哨，想从马棚偷袭首领的卧室。不料，首领的马看见有生人，便嘶叫起来。这个情况是武士事先没想到的，他拿不准应该"杀马灭口"、继续冒进，还是脚底抹油、赶紧开溜。

首领听见马嘶，估计出了情况，手持宝剑出来察看，发现了刺客。他一声招呼，卫兵们便蜂拥而来，向刺客扑去。武士知道此番性命难保，想举刀自刎，却已经来不及了，被卫兵们捆得结结实实、扔在地上。这时，卫士长跑过来，一面向首领自责疏于防范之过，并请示如何处置这名刺客。首领走到刺客身边，厉声问："你是来偷马的吗？"刺客不明白是什么意思，含含糊糊答应一声，心里却想："我是来取你性命的，怎么说我偷马呢？"

首领回头对侍卫长说："这家伙一定是来偷马的。现在是战争时期，老百姓都很穷，想偷马卖钱，情有可原。把他放了吧！"

侍卫长急忙说："不能放！他明明是来行刺的，不是来偷马的，应该将他就地正法。"

"他明明是个偷马贼，为什么说他是刺客呢？我看他也是一条好汉，一定是迫不得已才干这种小偷小摸的事。把他放了吧！"侍卫长无奈，只好把刺客给放了。

这件事传出去后，人们都称颂首领心胸宽广、爱惜人才。各地的勇士如潮水般涌来投奔他，他的军队实力大增，很快就取得了战争的胜利。后来，首领统一了北方各部，建立了一个强大的王国，他身边多了一个忠心耿耿的卫士——就是当初的刺客。

仇视敌人是我们的共性，可是敌人未必永远都是敌人，只要我们肯包容，敌人很可能会成为我们日后的朋友。在生活中，因为利害冲突或其他原因产生了对手，如果针锋相对，必将使矛盾激化、冲突升级，加重双方的仇视心理。即使一方凭借权力或武力压倒对方，那也只能造成压而不服，或口服心不服的状况，所以，对待自己的敌人，克己忍让、化敌为友才是最明智的解决办法。

古印度有位英勇无比的王子，某次征战之后，率兵得胜回朝。在盛大的庆功宴上，王子谦逊地举起金杯，向父王、大臣、在座的将士以及黎民百姓一一表示感谢，甚至连为他牵马的仆人也没忘记，这使得大家深深感动。此时，旁边坐着的老国王提醒道："我的孩子，有一个最重要的人，你还没向他致谢呢。"王子怔了半晌，终想不出，只好向父王请教，只听老人一字一句地说："你的敌人。"

人的一生，无论顺利还是坎坷，注定要扮演战士角色，与大大小小对手或敌人相遇。战场上的真刀真枪自不必说，哪怕是在和平年代里，大到创新事业，小到一场牌局，也需要对手。在许多时刻，敌人和对手显得比朋友更真诚。当他打败你时，绝对不会留什么情面；他嘲笑你时，那份冷酷刻骨铭心。是对手或敌人的强悍让我们昼夜习武，练就一身好功夫；是对手或敌人的狡诈使我们时刻保持警觉之心；是对手或敌人的强大鞭策我们卧薪尝胆，韬光养晦；是对手或敌人的智慧激励我们不断学习、与时俱进；是对手或敌人的威胁警醒我们战战兢兢、如履薄冰；是对手或敌人的围追堵截使我们不断努力，使我们打败了真正的敌人——我们自己。

《圣经》说："原谅你的仇敌。"这并非道德说教，而是经验之谈。原谅仇敌，可能带来很大好处。

在生活中，把朋友、敌人分得太清，往往会受到伤害。人世间的感情是很难说清楚的，有时候我们就可能遭到别人的误解或误解别人，可这并不是谁故意去么做的。尽量与人为善，把敌人也变成朋友，这样的人生才会更为开阔。

>>> **第八章**

给人情多几分留白

　　哲人说,没有宽容就没有友谊,没有善待就没有朋友。宽容和理解是一种力量,是朋友之间的桥梁和阳光。每个人都像一本书,读别人,其实也在读自己。读真、读善、读美的同时,也读真诚背后的伪善,美丽背后的丑恶,微笑背后的狡诈……

利人者，人人利之

利人方能自利，害人实际是在害己。敬人者，人敬之；爱人者，人爱之；损人者，人损之；欺人者，人欺之，所以，我们应该做到自利利他，不可损人利己。

利己是人与生俱来的本性，它归根结底源自生存的需要，但人是生活在群体之中的，单方的利己行不通，互相帮助更有利，帮助别人是帮助自己，于是产生了群体中利他的行为准则。我们需要懂得这句话："利他是利己的最高级。"

一个22岁开始创业办建筑装饰公司的女孩，30出头即已资产过亿，她成功的第一秘籍是全心全意为客户着想：

"想到顾客能够把活儿给我，我非常感激。拿到一个工程，本来我可选择廉价材料，选择价钱低的工人，但我知道这样做的结果是失去更多的机会。事实证明，后来有许多人主动帮我推广宣传，因为工程质量是人人看得见的。

"我很清楚，质量是我们的命根子，所以我抓得很紧。有一年，我们接了一家工商银行的工程，银行的人去工厂购买石料，本来满满一车料已经装好了，可当工厂听说是为我送货，立即卸货重装，还说，她的货可不好送，这样的货送去也得再拉回来。做一个工程，换下来的旧灯具完全可以当废品卖掉，但我总是派两个工人，清洗干净、包装好后帮顾客返回库里。同时，我在结算的时候尽量合情合理，当客户知道一张木板市场卖95元，而我们只收100元时，会认为我很实在，所以二期、三期工程都会交给我做。我认为获取暴利是短视的行为，只有真心为别人着想，企业才能生命永存。"

的确，利人方能利己，也只有先利人，之后才能利己。

如果我们每一个人都能做到利人，那么我们每个人也都会得到利益，这便是所谓的："我为人人，人人为我。"因为我们在别人眼中也是"人"，对别人来说是利人，对自己来说就是利己。如果只是自私地考虑自己，从来都不去管他人，虽然你心里认为是利己了，但其实受损的还是自己。因为我们也是别人眼中的"他人"，如果人人都不管"他人"，而只顾自己，那么我们自己就成了人人都不管的"他人"，而只有自己去关心自己。

在危险之中，向你伸出援助之手的往往是你曾经帮助过的人。

一只老鼠路过一片森林时，不小心掉进了一个深深的水坑里，怎么也爬不上来。它吱吱地叫着，可是谁也听不见。可怜的老鼠心想，这个水坑大概就是自己的坟墓了。

正在这时，一只大象经过这里，救了老鼠。

"谢谢你，大象。你救了我的命，我一定会报答你。"

大象笑着说："你一只小老鼠怎么报答我呢？"

没多久，大象不幸被猎人捉住了。猎人们用绳子把大象捆了起来，准备等天亮后运走。大象伤心地躺在地上，无论怎么挣扎，也无法把绳子扯断。

这时，小老鼠突然出现了，它开始咬大象脚上的绳子，终于在天亮前咬断了绳子。

"你看到了吧，一只小老鼠也有派上用场的时候！"小老鼠对重获自由的大象说。

"事不关己，高高挂起"，这其实是一种自私的行为，无形之中切断了自己的退路，因为人与人之间是相互关联的，有着密切的联系，自私就是孤立自身。在别人遇到危难时，予以漠视是人应该摒弃的一种行为。其实帮助别人也可以有一份不一样的收获，当你身陷困境时，你会发现，向你伸出援助之手的往往是你曾经帮助过的人。所以，行善也是在为自己积德。

在这个群体共生、互助依存的社会上，只靠自己关心自己是远远不够的，一个人的能力是有限的，需要借助他人的力量。因此，对于我们每一个人而言，利他方能利己。

越想独善其身，越是进退两难

人是高级的智慧生物，注定要在群体中生活，而组成群体的人又处在各种不同的阶层并具有不同的属性，适当时进行感情投资，有利于在社会上建立好人缘，只有人缘好，才能有一个好的形象，你的人际交往才能如鱼得水，没人缘的人自然会常常陷入进退两难的境地。

张辉在一家公司做一名管理人员。在公司产品遭遇退货、赔款濒临倒闭，公司高层们急得团团转而又束手无策时，张辉站了出来，提供了一份调查报告，找出了问题的症结。此举不仅一下子解决了公司的难题，还为公司赚了几百万。

因工作出色，张辉深受老总的重视，不久就成为全公司的一颗明星。凭着自己的智慧和胆略，他又为公司的产品打开国内市场，立下了汗马功劳，两年时间内为公司赚回几千万利润，成为公司举足轻重的人物。张辉踌躇满志，以为销售部经理一职非他莫属，然而，他没有被提职。本来公司董事会要提拔他为公司主管销售的副总经理，却由于在提名时遭到人事部门的强烈反对而作罢，理由是各部门对他的负面反应太大，比如，不懂人情世故，不和同事交往，骄傲自大……让这样一个闭门自封的人进入公司的决策层显然不太适宜。

销售部经理一职被别人担任了，张辉只好拱手交出自己创建、自己培养成熟的国内市场。这就好比自己亲手种下的果树上所结的果子被别人摘走一样，令他非常痛苦和不解。他不明白，公司怎么能这样对待自己呢？自己到底错在哪里？后来，还是一个同情他的朋友为他破解了他的迷惑。

有一次，张辉出去为公司办理业务，需要一批汇款，在紧要关头却迟迟不见公司的汇票，业务活动"泡汤"，令他很难堪。实际上是一个出纳员给他穿了一次小鞋，因为，平时他对这个出纳不理不睬的，也就是说没有把她放在眼里。

还有一次张辉在外办事，需要公司派人来协助，却不料人还没有到，马上又把人撤回来了，原来是一些资格较老的人觉得他很"孤傲"、"目中无人"，"在工作上从不与他们交流"……所以想尽办法拖他的后腿，让他的工作无法展开。

尽管张辉工作业绩辉煌，但他忽视了人际关系的重要性。那些他不熟悉的、不放在眼里的小人物，在关键时刻照样会坏他的大事，阻碍他在公司的发展和成功。在无可奈何的情况下，他只好伤心地离开了公司。

张辉虽然很有能力，但因为忽略人际关系，导致这样的结果，的确令人深思。其实，许多杰出的人士，之所以被能力不如自己的人击垮就是因为不善与人沟通，不注意与人交流，不能融入人群，自毁前程，把自己逼入死胡同。

只要懂得对群体感情的投资，就能一飞冲天，一鸣惊人。那些懂得人情的聪明人，平时就很讲究感情投资，讲究人缘，遇到困难就很容易得到别人的支持和帮助，因此，这样的聪明者其交友能力都较一般人占有明显的优势。

正如霍姆斯博士所说的，我们的社会就好像一个挤满了人的公共汽车，车里的人们总是非常忙乱。车里的每个人都希望汽车按自己的方向行驶，同时也会招来很多人的反对。一会儿是这个长辈发言，一会儿是那个长辈发言，他们都想要求车辆按照自己的意愿行驶，开多快，开多远，开到哪里，都必须按照他们的意愿，所以，车里就显得非常混乱。

这种说法起初会使我们有些无法接受，但是它确实可以帮助我们了解自己和他人。它可以使我们变得更加有耐心，对他人有更多的怜悯之心和同情之心。我们总是做一些令自己也无法容忍的事情，而做完之后又搞不清自己行为的动机。

很少有人有固定的性格，我们只不过是在朝着某种性格的方向去努力。我们是否能完全获得这种性格，取决于哪种东西能把我们集合在一起。如果不能进行自我努力和与他人协作，我们只能面临破产的境地。同时，我们还必须在自己和他人身上找到维系彼此之间关系的纽带，只有这条纽带才能给我们带来和平与团结。

就像西德尼·史密斯所说："生命是由众多的友谊支撑起来的，爱和被爱中存在着最大的幸福。"一个人如果孤立无援，那他一生就很难幸福；一个人如果不能处理好人际关系，就犹如在雷区里穿行，举步维艰。"条条大路通罗马"，而八面玲珑的人可以在每条大路上任意驰骋。

承认并挽回过失，会更受人欢迎

人与人之间的相处，常常会在不经意的时候对彼此产生伤害，所以，不要因别人偶尔的过失而失去对他的信任。你若能对他宽容相待，他便会以最大的忠诚回报你。若是你因别人偶尔的过错而完全否定他，甚至从此之后不再信任任何人，这才是对自己的惩罚。

当然，过错与过错是不一样的，有的过错不可原谅，有的过错可以原谅，所以，对别人偶尔犯下的过错，若是他承担了自己应负的责任，你理当予以原谅。因为宽恕是人生最大的美德。

在一个小镇上，有一个出名的地痞，整日游手好闲，酗酒闹事，人们见到他唯恐避而不及。一天，他醉酒后失手打伤了前来上门讨债的债主，被判刑入狱。入狱后的地痞翻然悔悟，对以往的言行感到十分懊悔。

一次，他成功地协助监狱管理人员制止了犯人的集体越狱出逃，从而获得减刑的机会。从监狱中出来后，他回到小镇上重新做人。他先是想找个地方打工赚钱，结果工作单位全都拒绝用他。食不果腹的他又来到亲朋好友家借钱，同样遭到一双双冷漠质疑的眼光，他心中刚刚点燃的希望之光也逐渐开始黯淡。这时，他少年时代的朋友听说了，就取出了100美元送给他，他接钱时没有显出过分的激动，他平静地看了一眼"昔日的朋友"后，消失在镇口的小路上。

数年后，他终于成了一个腰缠万贯的富翁，不仅还清了亲朋好友的旧账，还领回来一个漂亮的妻子。他来到了昔日的朋友家，恭恭敬敬地捧上了10000美元，然后，流着泪说道："谢谢你！你是我真正的朋友，是你的信任给了我站起来的勇气，这些钱是你应得的。"

信任是最好的支持，它是对人性的肯定，它对人的帮助在于心理上道义的重建，其意义远远超过了金钱的支援。不管是同事、朋友还是亲人，请不要因为别人对你的态度一时冷淡或是一时的过错而失去了对他的信任。你若能对他坦诚相待，他必然会以最大的忠诚回报你。

生活中每个人都会犯错误，不管是有心还是无心的。采用欺骗手段掩盖错误，逃脱责罚，虽然能获得短暂的成功，但等事情真相水落石出的时候，也就是你成为人人唾弃的对象的时候，而且，在此期间，你还要小心翼翼地掩盖，承受着心理的压力和折磨，因此，做了错事要勇于承认，敢于纠正，哪怕为此付出代价，但起码能获得心灵的安宁。只有坦荡地承认自己才能找回做人的根本。

下班的时间已经到了，商场的经理查姆斯收拾好东西正准备回家，这时传来了敲门声。"请进。"查姆斯说道。一个小伙子走了进来。"哈恩，你有事吗?"哈恩是商场笔记本电脑销售员,做这份工作时间还不久,业务不是很熟练,但他为人诚恳、热情,对工作也很认真,大家都很喜欢他。

哈恩一脸严肃,手里还拿了一个信封。"对不起,经理。今天我犯了一个很严重的错误。"原来,哈恩一时大意,把一台价值两万美元的笔记本电脑,以一万美元卖给了一位顾客。他是特意来向经理承认错误的。

"我为我的错误感到羞耻。这一万美元是我这几年工作攒下的,请您收下,作为我对公司的赔偿。如果您要开除我,我不会有任何怨言的。"说完将手中的信封递给了查姆斯。查姆斯接过信封放到了桌子上,然后问道:"你知道那位顾客的联系方式吗?你去找过他吗?""我知道的,他付钱时留下了联系方式。我没有去找他。为什么要去找他呢?是我把两种笔记本电脑弄混了,是我工作的失误,我不想给您带来太多的麻烦。"

"所以,你就用自己的存款填补那一万美元?"查姆斯问。

"是的,经理。这是我的错,我希望能够弥补它。"哈恩诚恳地答道。

哈恩完全可以向那位顾客追回一万美元的。如果他不希望因为追款引起太多的事,他完全可以把自己的一万美元存款悄悄地入账来了结这件事。他完全不需要冒着被解雇的风险跑到经理那里去承认错误,那似乎是多此一举。如果你真是这样想,那就错了。

"这是我的错!"看似简单的一句话,从嘴里说出来却需要莫大的勇气。因为受传统文化的熏陶,犯错表示一个人不成熟,会显得一个人没能力,会被人抓住把柄,从而影响到加薪和晋升,甚至还会受到惩罚,所以一般人在承认错误这个问题上都显得很犹豫,然而,这样做的后果是只会显得一个人不负责任,不值得信赖,对自己没一点好处,相反,诚恳承认错误,往往会获得别人的谅解,即使他嘴上责骂你几句,其实心里已原谅了你。一个人敢于承认错误,就是勇担责任的开始。他会及时改正错误,为了不让自己再次犯错而心存谨慎。这样的人,别人有什么理由不再相信他呢?

有些伤害是无意间造成的,人与人之间有了裂痕就需要用宽容来弥合。信任是伸向失望的一双手,一个小小的动作能改变一个人的一生。不要因偶尔的过错就失去对别人的信任，宽容并相信别人，说不定在你的身边会出现奇迹。

用一套标准对待他人和自己

作家柏杨先生曾说："我们盼望的是，每个中国人都应有设身处地为别人想一想的教养。珍惜友情，爱护自己所爱的。除非必要，不再轻易托人带东西、买东西，这也是一个开端。呜呼，别把自己的面子，建立在困扰别人的行为上。"

在与人交往的过程中，我们应该体会他人的情绪和想法、理解他人的立场和感受，并站在他人的角度思考和处理问题，也就是俗话中说的将心比心，用自己的心推及别人，自己希望怎样生活，就想到别人也会希望怎样生活；自己不愿意别人怎样对待自己，就不要那样对待别人；自己所不愿承受的，不要去强加在别人头上。

战国时期，楚、梁两国交界，两国在边境上各设界亭，亭卒们在各自的空余土地里种了瓜菜。梁国的亭卒勤劳，锄草浇水，瓜秧长势喜人；而楚国的亭卒懒惰，不务农事，瓜秧瘦弱，与梁亭瓜田的长势有天壤之别。楚国的亭卒心生忌妒，于是，一晚乘着夜色、偷跑过境把梁亭的瓜秧全给扯断了。

第二天，梁亭的人发现自己的瓜秧全被人扯断了，气愤难平，报告给边县的县令宋就，请示说也要过去把楚亭的瓜秧扭断。宋就说："这样做当然很解气，可是，我们明明不愿他们扯断我们的瓜秧，那么为什么再反过去扯断别人的瓜秧呢？别人不对，我们再跟着学，那就太狭隘了。从今天起，每天晚上去给他们的瓜秧浇水，让他们的瓜秧长得好，而且，你们这样做，一定不能让他们知道。"梁亭的人听了县令的话后觉得很有道理，于是就照办了。

渐渐地，楚亭的人发现自己的瓜秧长势一天好过一天，仔细观察后发现每天早上瓜田都被人浇过了，而且是梁亭的人在黑夜里悄悄为他们浇的。楚国的边县县令听到亭卒们的报告后，感到十分惭愧和敬佩，于是把这件事报告给了楚王。

楚王听说这件事后，感于梁国人修睦边邻的诚心，特备重礼送给梁王，以示自责，也用来表示酬谢，结果这一对敌国成了友好的邻邦。

人往往是自私的，普通人大都有这样的通病：见不得别人的好，总想去破坏，常以不公平的行事方式对待其他人，结果，这种褊狭的行为，最终会使自己掉入"万劫不复"的深渊。倘若从现在起，摒弃私心，用己心推及别人，学会站在别人的立场上考虑问题，身边的人就会越聚越多，进而交际圈也就会越来越广，事业和人生也就越来越顺利。设身处地站在他人的角度想问题，这是一个人成大事和获取成功的关键。

三国时期，曹操和袁绍在官渡打仗。当时曹军远不如袁军强大，但袁绍刚愎自用，不纳忠言，一再坐失战机，曹操则富有谋略，善于用兵。结果，战事以曹操的胜利而告终。

打败袁绍后，曹军将士在袁军的帐篷里搜到了一些信件，全是曹操手下的一些文臣武将与袁绍暗中勾结、示好献媚的信。有人建议，把这些写信的人全都抓起来杀掉。

可是，曹操不同意这样做。他说："当初袁绍的力量十分强大，连我自己都感到难以自保，又怎么能责怪这些人呢？假如我站在他们的位置，当时也会这么做的。"

于是，曹操下令把信件全部烧掉，对写信的人一概不予追究。那些原本惶恐不安的人，一下子把心放到肚子里，从此对曹操更加忠心耿耿，卖力相助了。

曹操的这种为人处世的态度，使他更多地赢得了人心，愿意投奔他并甘心为他效力的人越来越多。这样,曹操的力量便越来越强大,手下谋臣将士如云,他借此很快打败了那些割据一方的诸侯,统一了中国北方。

英国有一句谚语说得好:"要想知道别人的鞋子合不合脚,就穿上别人的鞋子走一英里。"人是感性的动物,对待事物、处理事情往往依照自己的价值观和思维模式来判断,因此对待别人与要求自己就有了双重的标准,由此产生的冲突害人损己。然而,若能设身处地站在他人的角度考虑问题,为别人想一想,便会减少很多不满和抱怨,使自己的工作和生活气氛轻松愉快,人与人之间的关系变得平和美好。

学着信赖别人

在如今这个信任缺乏的社会,几乎人人都对别人存有戒心,这是好的,毕竟"防人之心不可无",可是生活中也并非人人都是坏人,要是对所有人都怀有猜疑的态度,你的生活中将会缺少很多美好的东西,我们要学着信赖别人,信赖别人的人,永远会怀揣着幸福。

一位心理学教授曾和自己的学生作过这样一个实验。他让同学们前后站成两排,然后命令后一排的同学作好救助准备,待他喊了"开始"之后,前一排同学就往后一排相对位置的同学身上倒,他说:"前面的同学别有顾虑,要尽力往后倒。好,开始!"前排的同学们只是觉得有些好玩,他们按照心理学教授的指令,身子一点点向后倾斜,但是,大家明显地暗自掌握着身体的平衡,并不敢一下子把自己全部倒在后排人的身上。

可是,这里面有个例外——一位男生在听到心理学教授的指令之后,紧紧地闭上了双眼,十分真实地向后面倒去。他的搭档是一位小巧玲珑的女生,当她感到他毫不掺假地倒过来时,先是微微一愣,接着就倾尽全力去抱住他。看得出,她有些力不从心,但却倔犟地抿紧了双唇,誓死也要撑起他……她成功了。

心理学教授笑着去握他和她的手,告诉大家说:"他俩是这次实验中表现最为出色的人。这位男生为大家表演了'信赖'。"

在这个复杂的社会里,若是没有坚强的信念就如同行尸走肉一般。遗憾的是,有些人终其一生都没有真正信任过任何一个人,这很悲哀。可是倘若你只信任那些能够讨你欢心的人,那是狭隘的;倘若你信任你所见到的每一个人,那你就是一个傻瓜;倘若你毫不犹疑、匆匆忙忙地信任一个人,那你就可能会被你所信任的那个人背弃;若你只是出于某种肤浅的需要去信任一个人,那么接踵而来的可能就是恼人的猜忌和背叛;倘若你迟迟不敢信任一个值得你信任的人,那你永远不能享受爱的甘甜和人间的温暖,你的一生也会因此而暗淡无光。

信任是一条人与人之间相互连接的纽带。相信别人,我们才可以与别人更好地合作。相信别人可以驱散我们心头的猜疑和顾忌,学会信赖别人,并且努力让自己变成值得信赖的人,我们与他人的交往和合作就会变得更顺利。

有一次,两人去执行军务到敌方属地刺探军情,不幸被敌兵发现,敌国的重兵,将他们围在中间,却没有置他们于死地,目的是想从他们的口中得到一些重要的情报,结果两个人宁死不屈,奋力抵抗,两个人都受了很重的伤,但他们始终竭力地拼杀,坚持着为背后的人阻挡刀剑。在他们快要坚持不住的时候,救兵终于赶到,两个人才得以幸存下来。

年过花甲后,两位老人返回故里。村子里经常有很多年轻人来问他们,他们是如何在战场上将敌人一次又一次击退的。两位老人经常先会心一笑,然后将衣服脱下来,给这些年轻人看,他们发现两位老人的胸前全是伤疤,但他们的后背居然没有任何伤痕。一位老人解释道：战斗中我们彼此信任对方，只管应付前面的敌人，将后背托付给对方，因为后面有我最信任的人保护我。

看完这个故事，我们一定会明白怎么样做路才会越走越宽的。有时候，我们缺的不是才学，也不是机遇，而是一颗信任别人的心。大鹏展翅时不会怀疑天空，鲲鱼遨游时也不会怀疑海洋，而我们要想淹没在鲜花和掌声里，也不应怀疑身边的朋友。

信赖是合作的基础，而相互合作的人们就像战场上同一战壕的战友，我们要相信我们的"战友"。没有信赖做基础，每个人都会试图保护自己眼前的利益，但是这么做会对长期的利益造成损害。信赖是一种开放的格局，是人与人之间最最重要的东西，人们最值得骄傲的就是自己可以得到别人的信赖，自己的所作所为能够无愧于心，并与人坦诚地沟通。去信赖我们的"战友"，同时也让自己成为值得信赖的人。

值得信赖是幸福的，信赖他人是高尚的，信赖他人显示的是我们对他的敬重，他人信任我们，则从侧面印证了我们的能力与品格。请付出我们的信赖，拯救信任危机。

信任是灵魂,交流是血肉

信任意味着大家可以相互依赖。人们只有相互了解才能互相信任,只有彼此信任才能有效沟通。信任是沟通的基础。论语中讲:"人而无信,不知其可。"一个人一旦失去别人对他的信任,不但会增加他的沟通成本,而且会使人对他的人品产生怀疑。

信任是灵魂,交流是血肉,在完成一项任务时,彼此之间相互信任,善于交流,便会成就有血、有肉、有灵魂的事业。这种精神折射到现代社会中就是要求大家在与人相处时,要相互信任、善于交流。

在一列急速行驶的火车上,突然有一位孕妇出现了临产征兆,当时在车上有包括列车工作人员在内的几百人,都没有接生的经验。眼看孕妇就要生产了,孕妇的丈夫急得眼泪都出来了,他恳求列车长能够快点找到为自己妻子接生的人。

危急关头,一个小姑娘害羞地站了出来,小声地说:"我是一名护士,刚刚从学校毕业,还没有接生的经验,而且前不久因为粗心酿成了一起医疗事故……"没等姑娘说完,列车长就一把拉过她,坚定地说:"你是这里唯一学过医的人,在这里,你就是专家!"列车长的语气中充满了信任。那位丈夫也握着姑娘的手满怀信任地说:"我妻子和孩子的生命就交给你了,你一定能行!"

瞬间,姑娘的脸上掠过一丝异样的神圣,她走到那位临产的妇女身边,轻轻地说:"听着!我现在为你接生,但你要听我的指令,我们一起努力,我相信你和孩子都会没事的!"孕妇睁开眼睛看了看这个小姑娘,坚定地点了点头。

接生开始了，小姑娘一边努力为孕妇接生，一边不时向孕妇询问身体状况，她不停地对孕妇说："用力，再用力一下，快好了，加油……"同时，孕妇也用仅存的意识配合着姑娘的指令，并将自己的身体感受通过各种方式及时传达给姑娘。两个人就这样在一个特殊的环境中保持了交流的畅通。最终，随着一声婴儿响亮的啼哭，小姑娘顺利完成了第一次接生，在她年轻的脸庞上，有汗水也有泪水……

是信任，让那位姑娘产生了前所未有的责任感，从而义不容辞地承担起了工作赋予她的神圣使命；是交流，让姑娘能够准确把握事情变化的动态信息，最终得以顺利完成这项艰巨的任务。

真诚是与人友好交往的基础，对别人以诚相待，才可以赢得别人的信任。而沟通是信任最有力的说客，善于交流是协调的开始，把自己的想法说出来并认真听取对方的意见才能保证人与人之间不发生误会。你要经常说这样一句话："你看这事该怎么办？我想听听你的看法。"倘若每一个人都能够这样进行沟通，彼此信任，矛盾便会很少发生了。

用真诚的桨划动友谊的船

对朋友不能付出真诚的人永远得不到真正的友谊,他们将是终身可怜的孤独者。真诚是最能够打动人的东西。没有任何一个人能忍心拒绝他人一片真诚的心。一个真诚的人往往会得到他人的认可和喜爱,结交更多的朋友。

黄牛看见狐狸在树下呜呜地哭,问他为什么悲伤。

狐狸抹了一把眼泪,说:"人家都有三朋四友,唯独我孤零零的,心里难受哇……"

黄牛问:"花猫不是你的朋友吗?"

狐狸叹了口气,说:"花猫与我交友一载,没请过我一次客,这算什么朋友?我早跟他散伙了。"

黄牛问:"山羊不是你的朋友吗?"

狐狸摇摇头,说:"山羊与我结拜半年,从未给过我一分钱的好处,还有啥朋友味?我早跟他断绝往来了。"

黄牛长叹了一声,问:"听说你曾经跟大黑猪的关系还可以?"

狐狸气得直跺脚,说:"我早把他给踢了,你想想,大黑猪能帮我什么忙?当初我根本就不该认识那个蠢家伙。"

黄牛戏谑地一笑,调侃道:"狐狸先生,我送你一样东西吧。"

狐狸眼睛一亮,心想这下可以讨到便宜了,立马止住哭,问道:"什么东西?"

黄牛扭过头,扔下一句"贪鬼",说完头也不回地走了。

孤零零的狐狸可怜吗？一点都不可怜，今天这种局面完全是他自己造成的。他交朋友是为了占人家的便宜，得好处，没有好处就跟人家断绝关系，他变成孤家寡人是理所当然的。可见交朋友要真诚，不能只想从朋友那里获得点什么，何不想想你能为朋友做点什么呢，付出都是相互的。你对朋友好，以真心换真心，才会取得朋友的信赖和帮助，你的战线也就不会只有孤零零的你。真诚才是破解友谊的密码。

将你的真心放在他人的掌心，你会发现，做一个主动给予的人并不痛苦，能给予说明你的心还很富有，相反，如果在友情中一直希望有所收获，那么就玷污了友情，因为你把友谊变成了交易。

有一次，克洛夫在打猎的过程中没有打到一只猎物。正当饥肠辘辘之时，邻近的农夫索斯基宰了自己家的鸡与他一起进餐，克洛夫感激不已，然而到了第二天，有一群人说是索斯基的好朋友来到克洛夫家要他请吃饭，克洛夫面子上过不去就只好热情招待。谁知第三天又来了一群人说是索斯基好朋友的好朋友，同样要克洛夫请他们吃饭，克洛夫十分不满就表面上答应他们，许久以后上了一大碗无滋无味的汤给他们喝。这些人觉得滋味不对，忙问克洛夫这是什么汤，克洛夫回答说，这是用索斯基宰的那只鸡炖的汤。这些人终于悻悻而去。

我们知道，在日常交往中，人情总是有的，但是像索斯基那样的朋友，刚有了一点交情就要拼命用完的人确实是目光太短浅了。做人情就好像你在银行里存款，存得越多，存的时间越长，红利才会越多。

有付出自然有索取，有真诚必然有虚伪。意识到这一点，有助于我们更完整地看待友谊，更全面地看待世界。首先，要学会不对朋友期望过高，这样，你仍能从那些对你不坦白的朋友或说闲话的朋友那里得到快乐，因为你已培养出一种幽默感，能够以开玩笑的方式应付缺乏礼貌的人，已经坚强到刀枪不入了。你一点都不应该为自己没有得到回报而感到遗憾。不对朋友期望过高，不以自己的标准要求朋友，你就会少很多因得不到回报的失落。

其次，要真正做到"助人为乐"。就是说将帮助本身当成一种快乐，而不是将帮助之后获得的回报当成快乐。你可以不时地想：朋友因为我的存在和努力而摆脱了困境，得到了幸福，这是一件多么让人欣慰的事啊！

最后，随时保持自己的心理平衡。心灵的和谐和完满才是人最大的幸福，所以，如果被你帮助的朋友确实失去了他的感恩之心，那么不要去理会，不要去计较，你已经从助人的行为中得到了自己应得的东西，外在的物质回报又算得了什么呢？这样一点小小的"阿Q心理"对于自己的心理平衡也是很有好处的。

真诚宁静而淳朴，是一种宝贵的品质，对人真诚的人才可能交到真正的朋友。因为真诚的人往往以谦卑之心去度量生活中的人和事，他们放低姿态去聆听生活，不会口蜜腹剑，这样的人会轻易打开别人紧闭的心门，别人会以相同的方式回报他，结果他们所收获的会远远大于自己原本想要的。

>>> 第九章

路径窄处，留一步与人行

　　世事无常。今天的朋友可能成为明天的对手，而今天的对手也可能成为明天的朋友，因此，走不过的地方不妨退一步，让对方先过，就是宽阔的道路也要给别人三分便利。这样做，既是为他人着想，又能为自己留条后路，多一个朋友多一条路。

　　做人要学会"让"的艺术，让人一小步，跨越一大步。

路留一步，味留三分

"大度能容，方为智者本色"。在人际交往当中，如果没有海纳百川的容人肚量，是很难容忍别人的缺点及对自己某些利益的损伤的。若是对于这些问题处理不当，就会对自己造成许多损失，轻则失去朋友，重则成众矢之的，将自己陷入孤立无援的境地之中。

能够容忍别人的过失，以宽容为怀，是很多成功者都有的品质，它能帮助人们减少仇恨、暴力和偏见。

刘邦定天下之后，准备封赏官员。由于有功的人多，得考虑各种因素，因此弄得他一筹莫展。

有一天，刘邦在洛阳南宫边散心，放眼望去，只见一群人在官内不远的水池边，有的坐着，有的站着，一个个看上去都是武将打扮，在交头接耳，好像在议论着什么。刘邦心生疑惑，便把张良找了过来，问道："那群人在干什么？"张良答道："他们准备聚众谋反呢！"刘邦一惊，问："为什么呢？"张良回答："皇上从一个市井百姓开始，与各位将士一道夺取了天下。但现在所封的都是您以前的老朋友及自家的家族，杀的都是您最恨的人，这怎么不使大家害怕呢？今天没有所封，以后肯定难逃一死。这么一想，他们当然头脑发热，要聚众闹事了。"刘邦赶忙征求张良的意见："怎么才能平息呢？"张良问刘邦："皇上平时在将士中对谁最厌恶、憎恨呢？"刘邦说："我最恨的是雍齿。在我起事时，他无缘无故投降了魏，后来又从魏投向赵，再从赵投降张耳。当张耳投降我时，我才收容了他。现在因为刚灭楚不久，我不方便无缘无故杀他。想起他来我就恨得牙齿'咯咯'作响。"

张良一听，说："好！您立即给他封侯，这样，就可化解眼下的人心浮动。"刘邦对张良很信任，他相信张良的话很有道理。过了不久，刘邦在南宫设酒招待群臣。在宴席快要结束时，他宣布："封雍齿为什邡侯。"将士们见刘邦能宽容地对待他最讨厌的人，知道不用再担心自己的性命，便都忠心地拥护刘邦。

刘邦就是以如此的胸襟稳定了民心，稳固了江山。宋代著名大文学家苏东坡在评论楚汉之争时就曾说：汉高祖刘邦所以能胜，楚霸王项羽所以失败，关键在于能忍不能忍。项羽不能忍，白白浪费自己百战百胜的勇猛；刘邦能忍，养精蓄锐，等待时机，直攻项羽弊端，最后夺取胜利。楚汉之争，从多方面说明了这一点。刘邦可以成大业是他懂得忍下人之言，忍一时失败，忍个人意气；而项羽气大，什么都难忍难容，不懂得"小不忍则乱大谋"的道理，大业未成身先死，可悲可叹！

人在世间若是不能忍受一点闲气，万事都要"不争馒头争口气"，不肯给人方便、叫嚣到底，往往使自己到处碰壁。古代人在品德的修行上就十分注意"容忍"的修炼。

唐朝娄师德性格稳重，很有度量。他弟弟当上代州刺史，临行向他告别，并征询他的建议。娄师德对弟弟说："我现在辅助丞相，你现在又承皇上厚爱，得以任州官，我们真是受皇上的宠幸太多了，而这正是别人所嫉妒的，你如何对待这些妒忌以求自免家祸呢？"娄师德弟弟说："自今以后，若有人朝我脸上吐唾沫，我自己擦去唾沫，绝不叫你为我担忧。"娄师德说："这正是我所担忧的地方。别人向你吐唾沫，是对你恼怒，如果你将唾沫擦去，那岂不是违反了吐唾沫人的意愿吗？别人会因此而增加他的愤怒。不要擦去唾沫，让它自己干了，应当笑着去接受它。"

这就是"唾面自干"的来由。

能够将别人的愤怒化为无形是很不容易的事情,能够称赞挖苦过你的人,那真令人敬佩;能够用智慧、品行战胜狭隘的嫉妒,可以说更是很了不起的本事了。如果一个人平常为人在语言上肯吃点亏,让人一句,在事情上留有余地,肯让人一步,也许收获就能更大。

在狭窄的路上行走,要留一点余地给别人。两个人都能通过羊肠小道时,如果争先恐后,两人都有坠入深谷的危险,在这种情况下先停住脚步让对方过去,才是有礼貌、也最安全的做法。遇到美味可口的饭菜时,要留出三分让给别人吃,这样才是一种美德。路留一步,味留三分,幸福就不约而至,不请自来了。

多一分宽容,少一个敌人

人与人之间由于利益的争夺往往会不自觉地形成竞争关系。也许你的竞争对手是君子派,会以君子的风度正当竞争;或者你的竞争对手是小人派,会以小人的狡诈恶意诽谤;或者你的竞争对手是逍遥派,不以常理出牌……总之,会有各种竞争版本出现。对此,你准备如何应对所谓的敌人和敌意呢?

奥地利犹太和平主义者阿尔弗雷德·弗里德曾与阿塞尔共获诺贝尔和平奖。当他还是个小男孩的时候,家里比较穷,为了减轻父母的负担,他摆了一个小书摊。

有一天,4个和他差不多大的孩子围了过来。小阿尔弗雷德冷不防被其中一个孩子绊倒了,这时,4个孩子一起冲上来,把他压在身子下面。一个孩子厉声问道:"你的钱呢?钱在哪里?快点给我们!"当4个孩子在小阿尔弗雷德身上乱搜的时候,他又气又急,慌乱中,他忽然看见街对面有一个警察,就大喊了一声:"警察来了!"那4个孩子看见警察朝这边走来,都慌了,爬起来就跑。其中有一个孩子比较小,跑得慢,所以被小阿尔弗雷德一把给抓住了。

那位警察过来了,很严肃地问道:"你们刚才做什么了?"小阿尔弗雷德看了看旁边那个因惊恐而瑟瑟发抖的孩子,说:"他想……他想租书看,可是我要收摊回家吃晚饭了,所以他就帮我收拾摊子。"警察见没有发生什么事情,就微笑着说:"那你们赶快回家吧。"等警察一走,那个孩子便迷惑不解地问:"刚才我们那么对你,你……你为什么不报告警察?"小阿尔弗雷德并没有回答,却反问那个孩子:"那你们为什么要来抢我的钱呢?"那个孩子认真地看了看小阿尔弗雷德,说:"我们已经观察你好几天了,本来也没想抢你的钱的,可是今天我们没有弄到吃的东西,都饿坏了,所以才……""就因为我看你们的衣服很破旧,所以我知道你们抢钱肯定也是迫不得已,我也是穷人家的孩子,所以我才没有报告警察。"小阿尔弗雷德非常认真地说道。

那个孩子很不好意思地低下了头。小阿尔弗雷德说:"欢迎你们明天还到我这里来,我可以让你们免费看书。"后来这4个孩子都成了小阿尔弗雷德很要好的朋友。

人世间的感情就是这样,很难说清楚。原谅,是在给对方机会。有时候我们可能遭到别人的误解或者误解别人,可是这并不是谁故意去那么做的。尽量与人为善,把敌人也变成朋友,这样的人生才会走向开阔。叔本华说:"高尚的品性,是从实际生活中锻炼出来的。"宽容和忍让能够换来最甜蜜的果实。一个人经历过一次忍让,就会使心胸宽广。多一分宽容,就会多一个朋友,少一个敌人。

畅销书作家托尼·希勒获得过美国侦探小说家大师奖。他第一次打工是做农场工,而且受益匪浅。他14岁时,英格拉姆先生敲响了他们农舍的门。这个老佃农住在马路那头不远的地方,想找人帮助收割一块苜蓿地。这就是他得到的第一份有报酬的工作——1小时12美分,要知道这在美国经济大萧条时期已经很不错了。

一天,塞玛发现一辆装有西瓜的卡车陷在自家的瓜地中。显然,有人想偷走这些西瓜。塞玛说车主很快就会回来,让托尼在那儿看着,长点见识。没过多久,一个在当地因打架和偷窃而臭名昭著的家伙带着两个体格粗壮的儿子出现了,他们看起来非常恼怒。

塞玛却用平和的口吻说道:"哎,我想你们要买些西瓜吧?"

那个男人回答前沉默了很久:"嗯,我想是的。你要多少钱一个?"

"25美分1个。"

"好吧,你帮我把车弄出来吧,我看这价格还合适。"

这成了他们在这个夏天里最大的一笔买卖,而且避免了一场危险的暴力事件。等他们走后,塞玛笑着对托尼说:"孩子,如果不宽恕敌人,就会失去朋友。"

几年后,塞玛去世了,但托尼永远忘不了他,也忘不了第一次打工时他教给自己的真理。

宽待敌人是一件很困难的事情,因为自己曾经被伤害过,可能在心灵的某个角落还留着阴影,但是,换个角度去考虑事情,也许你会发现你曾经恨之入骨的敌人,带给自己的也并非只有伤害。正是由于敌人的虎视眈眈,才让你时刻不能放松警惕,要提升自己,迎接挑战。在一定程度上,自己的水平、能力不仅取决于自己,还取决于对手的状况。保持强有力的竞争关系,才能克服懈怠的弱点,不断要求进步。

其实宽待敌人并不会让自己损失很多,反而有助于超越自己。化解曾经剑拔弩张的矛盾、冲突,将暴风骤雨化作春风细雨。你如果能够有宽广的胸怀,宽容他人,哪怕这个人曾经使自己伤痕累累,那么你其实就克服了人性的弱点,换来的是对方的忏悔、对方的尊重。

扔掉仇恨袋，重拾幸福篮

莎士比亚所说的："不要因为你的敌人而燃起自身内心的怒火，让心中烈焰烧伤自己。"要想生活中永远拥有安静和欢乐，就不要去尝试报复我们的仇人，因为如果我们那样做，受到更深伤害的只有自己。不要浪费时间去完成那些毫无意义的报复，不要让自己的心因为报复更加痛苦。

古希腊神话中有一位大英雄叫海格里斯。一天，他走在坎坷不平的山路上，发现路边有个袋子似的东西很妨碍他，便踩了那东西一脚，谁知那东西不但没有被踩破，反而膨胀起来，加倍地扩大着。海格里斯恼羞成怒，操起一条碗口粗的木棒砸它，那东西竟然长大到把路堵死了。正在这时，山中走出一位圣人，对海格里斯说："朋友，快别动它，忘了它，离它远去吧！它叫仇恨袋，你不犯它，它便小如当初；你侵犯它，它就会膨胀起来，挡住你的路，与你敌对到底！"

生活中我们要能屈能伸，只要不是原则问题，就不必过分固执。别人在背后说自己的坏话，或者轻视、怠慢自己，我们想想不是滋味，故以眼还眼、以牙还牙，结果我们又多了一个人际屏障，多了一个生活的对头，也会使我们整日诚惶诚恐，不知他人在背后又要搞什么。

一位画家在集市上卖画，不远处走来一位大臣的孩子，这个孩子的父亲在年轻时曾经把画家的父亲欺诈得心碎地死去。这孩子在画家的作品前流连忘返，并且选中了一幅，画家却匆匆地用一块布把它遮盖住，并声称这幅画不卖。从此以后，这孩子因为心病而变得憔悴，最后，他父亲出面了，表示愿意付出一笔高价。可是，画家宁愿把这幅画挂在自己画室的墙上，也不愿意出售。他阴沉着脸坐在画前，自言自语地说："这就是我的报复。"

每天早晨，画家都要画一幅他信奉的神像，这是他表示信仰的唯一方式。可是现在，他觉得这些神像与他以前画的神像日渐相异。他苦恼不已，不停地找原因。有一天，他惊恐地丢下手中的画，跳了起来：他刚画好的神像的眼睛，竟然是那大臣的眼睛，而嘴唇也那么酷似。他把画撕碎，并且高喊："我的报复已经回报到我的头上来了！"

人们总认为报复的受害者是被报复者，其实不然，报复者本人同样是受害者。报复是把双刃剑，当你报复别人时，正用一把剑刺向你自己。在报复者实施报复之前，报复者就会跌进扭曲、变态的心理深渊，报复者会花很多时间去构思、幻想和实验报复的内容，然后就会陶醉在演习的过程中，一阵阵地傻笑。而当报复心驾驭了整个灵魂时，报复者就为自己判了无期徒刑。

哲人说："怀着爱心吃菜，也要比怀着怨恨吃牛肉好得多。"如果我们的仇人了解我们对他的怨恨使我们精疲力竭，使我们疲倦而紧张不安，使我们的内心受到伤害，使我们得了心脏病，甚至也许使我们折寿的时候，他们不是会拍手称快吗？

即便我们不能爱我们的仇人，至少我们要爱自己。我们要使仇人不能控制我们的快乐和健康，过得越来越好。

人生如棋局，不能没有对手

曾经在美国费城的大楼上立起第一根避雷针、有着"第二个普罗米修斯"之称的富兰克林，说过这样一句话："我读书多，骑马少，做别人的事多，做自己的事少。最终的时刻终将来临，到那时我但愿听到这样的话'他活着对大家有益'，而不是'他死时很富有'。"活着对大家有益，这就是分享的本意。如果我们能够明确感受到自己的行为对于他人的价值，我们就会从中发现无穷的乐趣，分享才能共赢。无论是在自然界，还是在一个人的生活中，这个道理都是通用的。

彼得是一位果农，经过精心研究，他培植了一种皮薄、肉厚、汁甜而少虫害的新果子。正当收获季节，引来不少果贩纷纷购买，使彼得发了大财，增加了不少财富。当地不少人羡慕他的成功，也想借用他的种子来种果子，彼得认为物以稀为贵，其他人也种这种果子会影响自己的生意，所以全部拒绝了，其他人没有办法，只好到别处去买种子。可是到了第二年果熟季节时，彼得的果子质量大大下降了，果贩们也都摇头不买他的果子。彼得伤透了脑筋，只好降价处理。

彼得想弄清楚产生这种现象的原因，于是来到城里找专家咨询。专家告诉他，由于附近都种了旧品种果子，唯有他的是改良品种，所以，开花时经蜜蜂、蝴蝶和风的传媒，他的品种和旧品种杂交了，当然他的果子就变质了。"那可怎么办？"彼得急切地问。"那还不好办？只要把你的好品种分给大家共同来种，不就行了。"

彼得立即照专家的说法办了。这一年，大家都收到了好果子，个个都喜笑颜开。

彼得自以为应该独享财富，岂料独享是那么短暂，而且还带来了不良后果。后来，他把改良的品种分给大家种，不仅自己获得了财富，也帮助别人获得了财富，取得了双赢的成果。

一个人最大的毛病，莫过于只知有己，不知有人，尤其是在得意忘形的时候，只知道海阔天空地吹嘘自己，而忘记了他人。

米勒在小镇上有一家米店。这家米店是他爸爸传下来的。他爸爸又是从他爷爷手里接过来的。他爷爷开这家米店的时候，南北两方正在打仗。米勒接手后买卖公道，信誉很好。他的米店对镇上的人来说就像自己的手足，不可缺少。米勒的儿子在长大，米店就要有新接班人了。

可是有一天，一个投资者在他的店对面开了家新米店。

新店开业前一天，米勒坐在他那阴暗的店堂里想心事。他真想破口把对手臭骂一顿。

"米勒，"他的母亲用低低的声音缓缓地说，"你巴不得把对面那家米店放火烧了，是不是？""是，巴不得！"米勒简直在咬牙切齿，"烧了有什么不好？"

"烧也没用，人家上过保险。再说，你这样想也缺德。"

"那你说我该怎么想？"米勒冒着火问。

"你该去祝愿。"

"祝愿天火来烧？"

"你总说自己是个厚道人，米勒，可一碰到切身事就糊涂。你该怎么做不是很清楚吗？你应该去祝愿新店开业成功。"

"你是不是糊涂了？妈妈。"

说是这么说，米勒还是决定去祝贺他们新店开业。

第二天早晨新店还没开门，全镇人就已等在外边。大家看着正门上方赫然写着"新美粮店"几个金字，都想进去一睹为快。

米勒也在人群中,他高高兴兴地跨到台阶上大声说:"外乡老弟,恭喜开业,谢谢你给全镇人带来方便!"

他刚说完,便吃了一惊,因为全镇人都围上来朝他欢呼,甚至还把他举了起来。大家跟他一起进店参观。谁都关心标价,谁都又觉得很公道。那个投资者笑呵呵地牵着米勒的手,两个生意人像老朋友一样。

后来,两家生意都做得十分兴隆,小镇也一年年变大了。

西方有这样一句谚语:"感谢你的敌人吧,是他们使你变得如此坚强。"这句话说得颇有道理,因为朋友会在危难时帮你一把,而敌人却可在最危难的时候成就你。

你应该感谢你的敌人,因为在与敌人的周旋中,你才愈来愈经得起考验,愈来愈坚强,所以,不要埋怨那些令你跑得很累的人,恰恰是他们,才能使你跑得更快。也许,有一天,你会发现拥有一个强劲的对手,反倒是一种福分、一种造化。

竞争虽在所难免,但不存在永远的敌人。将对手看成风景,你这边才会风和日丽。竞争,对你来说是生活中不可缺少的内容。倘若你在学习或工作中能观察一下对手,看看他的优势,也许你会进步得更快。欣赏对手,对手也会欣赏你,从而将这种对立的关系转变为一种和谐友好的关系,那么你得到的不仅仅是一种经历和教训,还有一位"千金难买"的朋友,这样你的人生会充实很多。

感谢对手，让我们的生活不倦怠

说到"对手"，我们想到的往往就是某种敌意和戒备，但是事实上，"对手"也可以成为我们的伙伴和朋友。我们应该给自己找一个对手，认识到自己和别人的差距，从而为自己确立一个奋斗目标。从心理上说，就是激发人人都有的争强好胜之心，给自己找一个对手，更能激发人本身的潜能。

一位动物学家在考察生活于非洲奥兰治河两岸的动物时，注意到河东岸和河西岸的羚羊大不一样，前者繁殖能力比后者更强，而且前者奔跑的速度比后者要快。他感到十分奇怪：既然环境和食物都相同，何以差别如此之大？为了能解开其中之谜，动物学家和当地动物保护协会进行了一项实验：在两岸分别捉10只羚羊送到对岸生活。结果，送到西岸的羚羊发展到14只，而送到东岸的羚羊只剩下了3只，另外7只被狼吃掉了。谜底终于被揭开，原来东岸的羚羊之所以身体强健，只因为它们附近居住着一个狼群，这使羚羊天天处在一个"竞争氛围"中。为了生存下去，它们变得越来越有"战斗力"。而西岸的羚羊长得弱不禁风，恰恰就是因为缺少天敌，没有生存压力。

因为对手，我们才能逐渐强大。给自己找的那位竞争对手，不能太强，太强了会让你感觉高不可攀，继而打击你的信心；也不能太弱，那样就无法很好地激发出你的潜能。最好的竞争对手是比你稍强一点的，他在某一方面值得你去学习，最重要的是，你从他身上能感觉到，自己经过一段时间的努力能够赶超他，这样才会更有动力。

捷克的艾米尔·萨托柏克从小善跑，长大后终于成为一名出色的长跑运动员。在奥运赛事中，他结识了来自澳洲的一位长跑运动员——维恩·克拉克，共同的理想和追求，使他们很快建立起深厚的友谊。

萨托柏克的年龄比克拉克略大，名声也比克拉克要响，曾有过在两届奥运比赛中连夺5枚奖牌的佳绩，其中4枚是金牌，1枚是银牌。萨托柏克成为国际体坛上冉冉升起的一颗耀眼明星，但是他从来都不居高自傲。克拉克却没有他这般幸运，尽管打破过17项世界长跑纪录，可克拉克从未得到过一枚奥运金牌。为此，克拉克一方面心怀遗憾，另一方面又努力不懈。

又逢东京奥运会开幕，各国运动健儿相聚在五环旗下。在参加1万米长跑时，萨托柏克与克拉克再次交手，两人展开激烈的角逐，然而，天不遂人愿，克拉克还是没得到这枚金牌。比赛结束后，克拉克去看望萨托柏克，受到了极其热情的接待。临别前夕，萨托柏克郑重其事地交给克拉克一个精美的礼品盒，并认真地嘱咐他：在登上飞机之前，千万不要打开它。克拉克感到迷惑，但还是点头应允。当飞机飞抵太平洋上空的时候，克拉克打开了那个精美的礼品盒。令他惊喜不已的是，里面竟是一枚多年来他梦寐以求的金光闪闪的奥运金牌。在萨托柏克送给克拉克的金牌下面，放有一页信笺，上面写道："亲爱的克拉克，感谢你这么多年来一直伴我驰骋赛场，可你知道吗？正是因为你这种屡败不馁的精神激励着我，让我时刻明白：无论在什么时候，都要戒骄戒躁，勇往直前，因此，我的成绩也有你的血汗，我的荣誉也就是你的荣誉。今天赠你这枚金牌，它应该属于你，请接受我诚挚的情意……"

此后，这枚金牌成了克拉克的非同寻常的珍藏品，始终陪伴在他的身旁。这个故事也很快传颂开来，成为流传世界体坛的一段佳话。人们无不夸赞萨托柏克是一位真正的奥运健儿，是一位比金牌选手更加高尚与成功的奥运健儿，因为他的内心比他所收获的金牌更加明亮耀眼。

世界是一个宏伟的竞技场。在各种竞争日趋激烈的今天，高尚的竞争精神却日渐变少。竞争有建设性和破坏性之分，有高尚和龌龊之别。竞争不仅是竞技实力的较量，更是一种人格实力的较量。人人都可以在竞争中奋力拼搏、夺取胜利，但必须与人为善，严格地遵守竞争规则。推动自己和他人前进的动力，不只是竞争的力量，还有友爱、互助和善良的力量。

许多时候，敌人和对手显得比朋友更真诚，是对手或敌人的威胁克制了我们的散漫，是对手将我们推向辉煌与高峰……我们千万不要把对手看成成功路上的障碍，对手也一样能和我们坦诚相处，真心地交流。尊重自己的对手，也是在尊重自己。

这个世界本来就没有所谓真正的敌人，有的只是竞争对手。你之所以斗志昂扬，是由于有竞争对手的存在。竞争对手不是永恒不变的，今天是竞争对手，或许明天就是你的合作伙伴。"攻城为下，攻心为上"，在与对手的竞争中，能征服对方的心，才是最彻底、最高尚、最伟大的胜利，所以，请不要把竞争对手当做敌人对待，而应该把他当做自己的朋友。你应该看到他的优势，并且用来弥补自己的不足。放下敌视的心态，用赞扬的心态去接受他，欣赏他！

慈悲没有对手，宽容没有借口

从前有一个富翁，他有三个儿子，在他年事已高的时候，富翁决定把自己经过一辈子艰难打拼才挣得的庞大家业全部留给三个儿子中的一个。可是，到底要把财产留给哪一个儿子呢？为了能够从三个儿子中选出一位值得托付家业的后继者，他想出了一个办法：他要三个儿子都花一年时间去游历世界，回来之后看谁做了最高尚的事情，谁就是财产的继承者。

此后，三个儿子都听从父亲的安排，选择了各自的行程，游历了世界上很多地方，增长了见识，开阔了视野。一年时间很快就过去了，三个儿子都陆续回到家中。富翁要遵照自己之前说好的方式让三个人都讲一讲自己的经历。三个儿子都选择了自认为最高尚的事情讲给父亲听。

先是大儿子，他得意地说："我在游历世界的时候，遇到了一个陌生人，他十分信任我，把一袋金币交给我保管，可是那个人却意外去世了，我就把那袋金币原封不动地交还给了他的家人。"

其次轮到二儿子，他也自信满满地说："当我旅行到一个贫穷落后的村落时，看到一个可怜的小乞丐不幸掉到湖里了，我立即跳下马，从河里把他救了起来，并留给他一笔钱。"

最后，轮到三儿子了。他听了两个哥哥的发言，似乎对自己所做的事情并不是十分自信。因此三儿子显得很犹豫地说："我，我没有遇到两个哥哥碰到的那种事，在我旅行的时候遇到了一个人，他很想得到我的钱袋，一路上千方百计地害我，我差点死在他手上。可是有一天我经过悬崖边，看到那个人正在悬崖边的一棵树下睡觉，当时我只要抬一抬脚就可以轻松地把他踢到悬崖下，但我想了想，觉得不能这么做，正打算走，又担心他一翻身掉下悬崖，就叫醒了他，然后继续赶路了。这实在算不了什么有意义的经历。"

富翁听完三个儿子的话，点了点头说道："诚实、见义勇为是一个人应有的品质，称不上是高尚。狭路相逢时给敌人留下后路，有机会报仇却放弃，反而帮助自己的仇人脱离危险的宽容之心才是最高尚的。我的全部财产都是老三的了。"

富翁从对三个儿子为人处世能力的比较中，最终认可、肯定了三儿子宽广的胸襟、宽容之心。可见，心胸开阔并非人人都能做到，宽容是一笔巨额的财富，是人性之花历经沧桑之后依然盛开。人生道路漫长而坎坷，难免会在某个时刻与他人结下矛盾，甚至仇恨，但是，要明白，一旦种下仇恨，困在仇恨中的有自己，还有对方，于己于人都有弊无利。活在仇恨里的人是愚蠢的。你在憎恨别人时，心里总是愤愤不平，希望别人遭到不幸、惩罚，却又往往不能如愿，失望、莫名的烦躁之后，你便失去了往日那轻松的心境和欢快的情绪，从而心理失衡；另一方面，在憎恨别人时，由于疏远别人，只看到别人的短处，在言语上贬低别人，在行动上敌视别人，结果使人际关系越来越僵，以致处处树敌。宽容地帮助曾经伤害过你的人才不失为人生大智慧，以德化怨，春风化雨，是成熟的象征，宽容的人生收获的必是满城桃李。

要想生活得洒脱、奔放并不能仅仅建立在物质的基础上，更为重要的是拥有宽容之心，以博大的胸怀容忍他人的过失，才能在精神上丰裕富足，才能以自由、奔放的心态走向幸福。

心宽是福门，心狭是祸根

人与人之间由于利益的争夺往往会形成竞争的关系。也许你的竞争对手会以君子的风度正当竞争，也许你的竞争对手会恶意诽谤，总之，会有林林总总的竞争版本出现。对此，我们是该以牙还牙、睚眦必报，一旦有机会，落井下石呢，还是宽容对方，化解他人的敌意呢？

深邃的天空容忍了雷电风暴一时的肆虐，才有风和日丽；辽阔的大海容纳了惊涛骇浪一时的猖獗，才有浩渺无限。心胸坦荡，不以世俗荣辱为念，不为世俗荣辱所累，就能活得轻松、潇洒、磊落。心胸狭隘，一事不顺便心存憎恨，耿耿于怀，心灵上栽满荆棘，思想上遮满云雾，就会活得抑郁、忧虑。很明显，我们要选择做前者，做容纳万物的天空和海洋。

在激烈的商场竞争中，尔虞我诈、弱肉强食的事件在不断上演。

年轻有为的亨利大学毕业之后，应聘到了波特的公司做销售。亨利工作能力很强，也非常努力，很快销售业绩节节攀升，受到了老板波特的赏识。在公司工作3年后，亨利已经成长为公司的中层管理人员，不仅掌握着公司运营的情况，而且对产品的销售渠道也了如指掌。正当公司上上下下对其十分看好之际，亨利却突然不辞而别，转而到竞争对手的公司工作。很快大家意识到，亨利很可能会将公司的机密，尤其是产品的销售信息泄露出去。不久之后的事实也证明，亨利的确是利用波特公司的客户资料挖走了很多大客户。他的这个举动对波特的产品销售造成了很大的打击。公司的员工对亨利颇为怨恨，建议波特也采取一些手段打击一下他的嚣张气焰。波特并没有采纳他人的建议，而是非常冷静地告诉员工不要把精力都用在如何报复对方上，而是要静下来反思自己的产品为何在市场上不受欢迎，要想方设法提高产品的质量来重新占领市场。

波特经过几年的惨淡经营之后，开始提升产品的质量，不断对产品进行更新换代，被对方公司抢占的订单也开始慢慢被争夺回来，在业内的销售业绩排名也逐渐上升。而此时的亨利在对方公司的情况却每况愈下，他所在的公司也面临倒闭的绝境。看到昔日曾经伤害过自己的对手能有今日的惨境，波特并没有幸灾乐祸，而是慷慨相助，帮助对方挽回了局面。公司员工感到大为不解，不明白波特如此做的原因是什么。波特解释道，正是由于对方的竞争，自己才被迫要奋起直追，公司才会有今日的成就。如果对方公司宣布破产，对自己来说也没有好处。没有了强有力的竞争对手，公司就会停滞不前，早晚也会被其他公司所吞并的。

宽待敌人是一件很困难的事情，因为自己曾经饱受对方的伤害，甚至留下惨痛的阴影。但是，换个角度去想你曾经恨之入骨的敌人，带给自己的也并非只有伤害。正是敌人的虎视眈眈，才让你斗志昂扬，努力提升自己，迎接挑战。在一定程度上，对手能激发你的潜能，提醒自己克服懈怠。一个人能从大处着眼，这恰恰是"心胸天地阔"、思想境界较高的表现。

美国总统林肯对待那些极力反对他的人也十分尊重，用真诚、友善与他们交朋友。有人非常不解，劝告林肯不仅不要和对方走得太近，还要积极去消灭这些敌人。林肯则非常智慧地认为，将敌人变成朋友正是消灭敌人的方式，令手下的人佩服得五体投地。

试想，如果我们始终不能放弃过去发生的事情，只会激化双方之间的矛盾，不断升级双方之间的战争，于人于己都没有好处。

其实，宽待敌人并不会让自己损失很多。谁都有犯错的权利，也有原谅别人错误的权利。如果你用宽阔的心胸去包容一切违逆和挫折，用宽阔的心胸去理解他人的误会和偏见，宽容他人，那么，换来的就是对方的忏悔和尊重，将来你昏头犯错的时候，也会得到别人的宽容。

宽容是一种大度，是一种豁达；宽容能够容纳万物，宽容能够包含太虚。心宽为福之门，心狭为祸之根。宽容，对人对己都可成为一种最高尚的精神援助。

>>> 第十章

幸福无关贫富,钱财不是罪过

　　人需要金钱像需要日常用品一样,但是金钱从不是人用以满足欲望的工具。金钱的用途在于享受生活,而不去享受金钱。一旦搞不清金钱用途,为金钱而难受,为金钱而痛苦,那么,生活便会成为围绕钞票而上演的闹剧。幸福,不是金钱的亲戚。

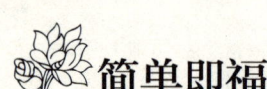 简单即福

《论语》中有这样一段经常被后人传颂的话:"不义而富且贵,于我如浮云。"意思是说用不义的手段获得的富贵名利,对于我来说,不过如天边的浮云,任它飘远无所憾。

事实上,每个人的一生皆各有各的乐,并不需要一味依靠物质,依靠虚伪的荣耀。想通了这一点,人自然不会受物质环境、虚荣的惑乱,可以建立自己的独立精神人格。

美国曾在1980年通过了《新难民法案》,使得居住在纽约水牛城收容所的500名难民成为美国的合法公民。这些人大多是来自贫困国家的偷渡者,希望来美国实现自己的幸福梦。新法案颁布25周年时,该法案的受益者们搞了一次集会,他们承认自从成了美国公民,生活有了空前改善,但是,幸福的梦想远远没有实现。

一位社会学教授闻知此事,便展开了调查。首先他对那批难民的身份进行了一次全面的核实,发现这500人有一些共同点,即贫穷艰苦的经历和对金钱强烈的渴望。这批偷渡者由于都有着强烈的发财梦,来美后,经过20余年拼搏,有将近一半的人,靠冒险和吃苦的精神达到了美国中产阶级的水平。

那么,为什么他们没有找到梦寐以求的幸福呢?

为了找出根源,教授对他们一一进行调查。下面是他对其中的3位偷渡者所作的调查记录:某水产商,初来美国时,在迈阿密的水产一条街做黄鱼生意,现已由原来的一间店铺,发展为连锁店。20年来,为挤垮竞争对手,他未休息过一天,更未外出度过一天假。某房产开发商,1995年之前,在12

个市镇拥有房产开发权,后因逃税被判一年六个月监禁,剥夺开发权,罚款7300万美元,现从事涂料进出口业务。某中介商,来美国后,一直从事海地、多米尼加、波多黎各等国的劳务输出工作,通过他,其家族60%的人在美国打工或暂住,现和他一起居住的亲属有十几人。

　　教授的调查报告历数了每个人的生活状态,这份报告被交到美国国务院之后,迅速被移交到移民部。没过多久,原纽约水牛城收容所的500名难民每人收到一个小册子,小册子的封面上写着:一个穷人成为富人之后,如果不及时修正贫穷时所养成的贪婪,就别指望能跨入幸福的境界。

　　不久,美国《加勒比海报》报道一则消息,一位来自加勒比海地区的富翁卖掉公司,打算去过悠闲的生活。第二天,教授收到美国移民局的一封信:这批难民中已有一人找到了富裕后的幸福。

　　幸福其实很简单,不一定非要过奢华的日子,只要简简单单就好,如果终日围着"利"旋转,便会在"富贵"的诱惑中迷失自我,忘记应坚守的"义",忘记应持守的"品",忘记自己独立的精神人格,终日吃美食喝美酒,沉湎于灯红酒绿的生活。时间久了,生活变得越来越无趣,除了吃喝玩乐似乎已经没有什么事情可做,便开始追求刺激,一步步滑向"不义"的深渊。这样的生活难道就是大家拼搏多年真正想要的?

　　人们所期待的是一份毫无心灵负担的幸福,此种幸福也实惠得只要拿"放下"二字就可兑换。"放下"不是叫你倾家荡产,也不是自讨苦吃,而是懂得用钱,有钱便去做些力所能及的善事,无钱独善其身即可。老之将至,富贵不过是形状美丽的浮云,飘来飘去,到了头上不会有多么欢喜,没到头上也不会伤心。它来来去去,你且看着,不必太过在意。

幸福从未明码标价

我们一向以为,浪漫只是有钱人的专利,他们可以用鲜花、烛光、音乐来营造出如梦如幻的多彩世界,却没有想到还有一种不需要金钱的投入就能营造出来的别致的浪漫。作为一个清贫者,应调整好自己现在的心态,按照自己的理想生活。不要以为只有有钱的人才能幸福快乐,如果采取适当的方式,即使我们身无分文,也可以幸福快乐。

一天中午,太阳火辣辣地炙烤着大地,阳光刺眼,大街上没几个行人,晓芸独自从天桥边走过,看见一个小伙子在吃力地背着个姑娘上天桥。小伙子的额头上渗出细密的汗珠。像这样的事,平时晓芸见多了,所以她开始时并没有太在意。但是当她从他们身边走过的那一瞬间,她突然感到那男孩子的两腿抖得厉害,不像平时遇到的那种玩闹的恋人。于是晓芸走上前去帮忙搀扶,问男孩:"她生病了吧?是去医院吗?怎么不打车?"男孩只是低头不语。

来到天桥上,姑娘忽然大笑起来,男孩一边擦脸一边忙向晓芸道歉:"对不起,谢谢您,我们是在玩游戏。"

"什么?"晓芸尴尬中有些恼怒。

姑娘好久才停止住笑,上前解释道:"今天是我们结婚三周年纪念日,我们特意来逛街,本想买点东西庆祝,不过都太贵了,舍不得钱。于是想起以前上学时读过的一篇文章,文章里的主人公就是用这种方式来纪念他们的结婚周年的。于是我们便照做了。

"我们没有钱,我不让他买什么礼物做纪念,可是他有的是力气,所以我才让他背我上天桥，一趟算一年，才背了一个来回，他就累成这样了。若是将来我们结婚三十周年，四十周年，我还让他背我那么多个来回，他还得背……"

姑娘一边心疼地为男孩拭着额头的汗珠，一边又笑了起来。

如果不是亲眼见证，晓芸怎么都不敢相信，这样贫穷的两个人，却能过得这么开心。

幸福从未明码标价，就像上述故事中的那对小情侣，没有钱也可以获得幸福，所以，那些把追求财富作为追求幸福的资本的人是愚蠢的。耗尽一生的精力追求而来的物质财富并不一定能买来幸福，与其在临死之时带着遗憾而去，不如在有生之年把这些物质的财富转化为内心的珍宝。镌刻在棺木上的珍珠玛瑙远不如一句赞美的墓志铭更有意义！

一对青年男女双双步入了婚姻的殿堂，甜蜜的爱情高潮过去之后，他们开始面对日益艰难的生计。妻子整天为缺少财富而忧郁不乐，他们需要很多很多的钱，一万，十万，最好有一百万。有了钱才能买房子，买家具家电，才能吃好的穿好的……可是他们的钱太少了，少得只够维持最基本的日常开支。她的丈夫却是个很乐观的人。丈夫不断寻找机会开导妻子。

有一天，他们去医院看望一个朋友。朋友说，他的病是累出来的，常常为了挣钱不吃饭不睡觉。回到家里，丈夫就问妻子："下次如果给你钱，但同时让你跟他一样躺在医院里，你要不要？"妻子想了想，说："不要。"

过了几天，他们去郊外散步。他们经过的路边有一幢漂亮的别墅。从别墅里走出来一对白发苍苍的老者。丈夫又问妻子："假如现在就让你住上这样的别墅，同时变得跟他们一样老，你愿意不愿意？"妻子不假思索地回答："我才不愿意呢。"

他们所在的城市破获了一起重大团伙抢劫案。这个团伙的主犯抢劫现钞超过一百万，被法院判处死刑。罪犯押赴刑场的那一天，丈夫对妻子说："假如给你一百万，让你马上去死，你干不干？"妻子生气了："你胡说什么呀？给我一座金山我也不干！"丈夫笑了："这就对了。你看，我们原来是这么富有：我们拥有生命，拥有青春和健康，这些财富已经超过了一百万，我们还有能创造财富的双手，你还愁什么呢？"妻子把丈夫的话细细地咀嚼品味了一番，也变得快乐起来。

如果你没有足够的物质财富，也不必悲伤，幸福与否从来都不是靠物质财富来衡量的。如果你拥有足够的财富，那么请你珍惜你的财富，将它布施给需要他的人，即使是帮助没有鞋穿的人买一双鞋，你也算帮助他获得了从未有过的幸福。

一个认清了生命本质的人从不会热衷于囤积财富，对他来说，获取财富的目的只是为了证明自己的价值而已。这样的人知道外在的财富都是过眼浮云，内在的财富才是永远的财富。精神与物质二者孰重孰轻，是追求万贯家财还是寻求内心的宁静？只有参透人生的人才能给出适当的答案。

放下手中的小算盘

在这个世界上谁是最患得患失的人？这个问题很难回答，但是也很好回答。为什么这样说呢？说它很难回答是因为，世界上的人从古到今出现得实在是太多了，没有人能清点出谁是最患得患失的人。说它好回答是因为，谁最过分在乎目标，谁就最患得患失，而患得患失的人往往是完美主义者。

有人说，为人做事应似"风过竹林，雁过长空"，"事来则应，过去不留"，这是十分正确的。为人处世就当有这份洒脱，而不是唯唯诺诺、患得患失。古往今来，成大事者一般都是宠辱不惊、当机立断的人，可以说患得患失的人终于不成什么大事。

从前有一位神射手，名叫后羿。他练就了一身百步穿杨的好本领，立射、跪射、骑射样样精通，而且一出手箭箭都能射中靶心，几乎从来没有失过手。人们争相传颂他高超的射技，对他非常敬佩。

夏王也从左右的嘴里听说了这位神射手的本领，也目睹过后羿的表演，十分欣赏他的功夫。有一天，夏王想把后羿召入宫中来，单独给他一个人演习一番，好尽情领略他那炉火纯青的射技。于是，夏王命人把后羿找来，带他到御花园里找了个开阔地带，叫人拿来了一块一尺见方，靶心直径大约一寸的兽皮箭靶，用手指着说："今天请先生来，是想请你展示一下你精湛的本领，这个箭靶就是你的目标。为了使这次表演不至于因为没有彩头而沉闷乏味，我来给你定个赏罚规则：如果射中了的话，我就赏赐给你黄金万两；如果射不中，那就要削减你一千户的封地。现在请先生开始吧？"

后羿听了夏王的话，一言不发，面色变得凝重起来。他慢慢走到离箭靶一百步的地方，脚步显得相当沉重，然后，后羿取出一支箭搭上弓弦，摆好姿势拉开弓开始瞄准。

想到自己这一箭出去可能发生的结果，一向镇定的后羿呼吸变得急促起来，拉弓的手也微微发抖，瞄了几次都没有把箭射出去。后羿终于下定决心松开了弦，箭应声而出，"啪"的一声钉在离靶心足有几寸远的地方。后羿脸色一下子白了，他再次弯弓搭箭，精神却更加不集中了，射出的箭也偏得更加离谱。

后羿收拾弓箭，勉强赔笑向夏王告辞，悻悻地离开了王宫。夏王在失望的同时掩饰不住心头的疑惑，就问手下道："这个神箭手后羿平时射起箭来百发百中，为什么今天跟他定下了赏罚规则，他就大失水准了呢？"

手下解释说："后羿平日射箭，不过是一般练习，在一颗平常心之下，水平自然可以正常发挥。可是今天他射出的成绩直接关系到他的切身利益，叫他怎能静下心来充分施展技术呢？看来一个人只有真正把赏罚置之度外，才能成为当之无愧的神箭手啊！"

后羿的结果令众人大跌眼镜，究其原因，就是太在乎结果、赏罚，患得患失而无法精神集中，这样又怎么会成功呢？

患得患失的人常常也是完美主义者，因为他们不允许事情做得比他们想象的差，所以常常是想把每个细节都做得很完美，结果却忽略了最本质的东西。

有一位农夫欲上山去砍树，却忽然想到脚上的草鞋很陈旧了，于是匆匆忙忙地搓绳打草鞋。忙完草鞋又检查斧锯，发现斧子太钝、锯子已锈，于是决定重新订购斧子和锯子。后来又嫌新斧子的材质不好……等到他万事俱备准备出发时，大雪已经封山。于是农夫就抱怨：我的运气真是不好。

其实这个农夫的问题不在于运气的好坏，而是在于他太较真了。他没有分清楚主次，患得患失，只顾着在细节上斤斤计较。

患得患失是人生的精神枷锁，是附在人身上的阴影，是浮躁的一个重要表现形式。患得患失将会成为我们获得成功的大碍。

生活中往往有这样一些人，做什么事情之前都要反复考虑，做完之后又放心不下，对方方面面都考虑得尽量周到。如有不妥，就很担心把事情办砸，担心别人对自己的看法，并且极其注重个人的得失。他们被笼罩在患得患失的阴影之中，心房被得失纷扰得没有一分安宁。

这样的人，你给他十两银子，他会想象你肯定得了十两金子；单位发工资，他会把工资表翻个底朝天，生怕谁多拿了半分钱；领导们开个日常的工作会，他会费尽心机打听，看谁又要被提拔了；同事们聚会若少了他，他会猜想肯定避开他在搞什么鬼名堂。这些人整天神经兮兮，患得患失，心中布满疑虑、惴惴不安，生活中当然不会有轻松与愉快。

钱用了，才是钱

亚历山大大帝死的时候在棺材两侧各挖一个洞，将手伸出来，表明他是两手空空走向死亡的。确实，世上的每个人都是赤条条来去，无牵无挂，既不带来什么，也不带走什么。有的人在活着的时候对名利和财富牵挂异常，到死都不肯放手，但事实上死后的名利钱财已不再属于自己，那么活着的时候吝啬物质上的付出又有什么意义呢？

用出去的钱财才是自己的，不用，再多的钱财，最后还不知是谁的。

真正的金钱观，是要对金钱等物质上的东西喜于接受，也喜于付出。

有位信徒对默仙禅师说："我的妻子贪婪而且吝啬，对于做好事行善，连一点儿钱财也不舍得，你能慈悲到我家里来，向我太太开示，行些善事吗？"默仙禅师是个痛快人，听完信徒的话，非常慈悲地答应下来。

当默仙禅师到达那位信徒的家里时，信徒的妻子出来迎接，可是却连一杯水都舍不得端出来给禅师喝。于是，禅师握着一个拳头说："夫人，你看我的手天天都是这样，你觉得怎么样呢？"信徒的夫人说："如果手天天这个样子，这是有毛病，畸形啊！"默仙禅师说："对，这样子是畸形。"接着，默仙禅师把手伸展开，并问："假如天天这个样子呢？"信徒夫人说："这样子也是畸形啊！"默仙禅师趁机立即说："夫人，不错，这都是畸形，钱只知贪取，不知道布施，是畸形；钱只知道花用，不知道储蓄，也是畸形。钱要流通，要能进能出，要量入而出。"

握着拳头暗示过于吝啬，张开手掌则暗示过于慷慨，信徒的太太在默仙禅师这么一个比喻之下，对用财之道，想必会豁然领悟了吧？

金钱只是一种工具，它并不像平常所说的那样，是一切邪恶的根源，关键在于我们能不能理性地支配金钱。

某个墓地的守墓人每个星期总会准时收到一封来信和50元买花的钱，信里署名为"可怜的老太太"的人，托他每星期给她曾与自己相依为命，如今却睡到墓地里来的儿子哈里献上一束花。老实的守墓人每次收到信与钱，总会买束鲜花送到哈里墓前。

一天，"可怜的老太太"终于露面了，她坐着小车来到墓地，却没下车，派开车司机来请守墓人说："那位托你每星期给她儿子送花的妇人，请你到她那儿说几句话，因为她腿瘫痪了，行走不便。"

守墓人跟着司机来到那位"可怜的老太太"面前，这是一位上了年纪、身体极差的老太太，高贵的服饰掩饰不了她对生活的绝望和病痛留下的印记。

"我是那位寄信的老太太，"她断断续续地说，"这几年麻烦你了。"

"我每星期都按时送花。"守墓人说。

"谢谢你。"她接着说，"医生说我将不久人世，死了倒也好，我活在世上对这个世界来说已无一点意义。只是，我惦记着将没人再给我儿子送花了。"

守墓人忽然问道："夫人，你去过孤儿院吗？那里的孩子都没父母。"

"孤儿院？"

"夫人，恕我冒昧，"守墓人说，"在我这儿睡着的人，有哪个是活着的？与其把鲜花大把大把送给那些死去的、并不能体味生者痛苦与快乐的人，不如把买花的钱留着给那些活着的人。"

"可怜的老太太"听了守墓人的话，半天不言语，叫司机开车走了。

守墓人心想：自己的话对一个临死的孤寡老人可能说过头了。没想到过了几个月，那辆小车又载着"可怜的老太太"来到墓地，这次开车的不是那个司机，而是"可怜的老太太"自己。她兴高采烈地跳下车，神采奕奕地对守墓人说:"嘿,你的建议创造了奇迹。我把钱全部捐给了孤儿院,那里孤儿的快乐深深感动了我,让我觉得我还有些用处。更想不到这种帮助他人得到的幸福,竟奇迹般治好了我的腿。"

对于普通人来讲,虽然没有大笔的财富,但也不必为了金钱而变得锱铢必较。钱财是为了让自己的日子越过越好,而不是让自己变得越来越提心吊胆,或者终日汲汲而求。在这个世界上,只有被自己用出去的钱财才是自己的,那些被我们牢牢攥在掌心的财富如果得不到运用,到最后也不可能为我们所拥有。

不必用金钱装饰自己

人为财死,鸟为食亡,历史上的众多典故,现实生活中发生的事情都印证了这句话的真实性。

对金钱的渴望人人都有,只是程度有深有浅。真正的智者明白金钱买不到幸福,但沉迷于物质欲望之网的人被金钱束缚得越来越紧。钱只是我们生活的仆人,千万不要颠倒了位置,因为贪婪而成为它的奴隶。

有个老魔鬼看到人间的生活太幸福了,他想:"我要去扰乱一下,要不然魔鬼就越来越没市场了。"他先派了一个小魔鬼去扰乱一个农民,因为他看到那个农民每天辛勤地劳作,可是所得却少得可怜,但他还是那么快乐,非常知足。

小魔鬼想,怎样才能把农民变坏呢?他就把那个农民的田地变得非常贫瘠,让他知难而退。那农民耕作了半天,做得很辛苦,但他只是休息一下,还是继续耕作，没有一点抱怨。小魔鬼看到计策失败，只好摸摸脑袋回去了。

老魔鬼又派了第二个小魔鬼去。第二个小魔鬼想，既然让他更加辛苦没有用，那就拿走他所拥有的东西吧！那小魔鬼就把他午餐的面包和水偷走，他想，那个农民做得那么辛苦，又累又饿，却连吃的喝的都不见了，这下子他一定会暴跳如雷！那个农民又渴又饿地到树下休息，想不到面包跟水都不见了！"不晓得是哪个可怜的人比我更需要那碗面和水？如果这些东西能让他吃饱的话，那真是太好了。"小魔鬼又失败了。

老魔鬼觉得奇怪，难道没有任何办法能使那个农民变坏？这时第三个小魔鬼出来了，他对老魔鬼讲："我有办法，一定能把他变坏。"

这个小魔鬼先去跟那个农民做朋友，那个农民很高兴地和他做了朋友。因为魔鬼有预知未来的能力，他就告诉那个农民，明年会有干旱，教那个农民把水稻种在低洼的湿地里，那个农民便照做。结果第二年别人没有收成，只有那个农民的收成非常之好，他就因此而富裕起来了。魔鬼又每年都对那个农民说当年适合种什么，三年下来，那个农民变得非常富有。他又教那个农民把米拿去酿酒贩卖，赚取更多的钱。慢慢地，那个农民开始不工作了，靠着贩卖的方式，获得了大量金钱。

有一天，老魔鬼来了，小魔鬼就告诉老魔鬼说："您看！我现在要展示我的成果。农民现在已经有猪的血液了。"老魔鬼看见那个农民办了个晚宴，所有富有的人都来参加，喝最好的酒，吃最精美的餐点，还有好多的仆人伺候。他们非常浪费地吃喝，醉得不省人事，开始变得像猪一样愚蠢。

"您还会看到他身上有着狼的血液。"小魔鬼又说。这时，一个仆人端着葡萄酒出来，不小心跌了一跤，那个已经变成富翁的农民斥责道："你做事怎么这么不小心！"

"唉！主人，我们到现在都没有吃饭，饿得浑身无力。"

"事情没有做完，你们怎么吃饭！"

老魔鬼见了，高兴地对小魔鬼说："你太了不起了！你是怎么办到的？"

小魔鬼说："我只不过是让他拥有比他需要的更多而已，这样就可以引发他人性中的贪婪。"

享受金钱会使自己被贪欲的恶魔无情地缠绕，于是自己的生活主题只有"金钱"两字，整天为金钱所困惑，为金钱而难受，为金钱而痛苦，生活便会成为围绕一张钞票而上演的闹剧。

对待金钱必须拿得起放得下。赚钱是为了活着，但活着绝不是为了赚钱。如果人活着只把追逐金钱作为人生唯一的目标和宗旨的话，那么人将是一种可怜的动物，人将会被自己所制造出来的这种工具捆绑起来，被幸福所遗弃。

享受生活的人不在乎自己有多少金钱，多可以过，少也可以过，问题是自己处处能够感悟到幸福。享受金钱的人最后会被金钱妖魔化，很难会有好的下场。享受生活的人会感觉人生是无限美好的，于是越活越有味道。

留只眼睛看钱，留只眼睛看己

贪婪是人性最大的弱点。俗话说：欲壑难填。把一个人教唆成为魔鬼的是他自己的贪婪。过分地追求和占有，不仅造成心理上的负担，也为自己带来痛苦。

一天傍晚，两个非常要好的朋友在林边散步。这时一位僧人惊慌失措地从树林中跑了出来，两位朋友见状，便问那僧人："你为何这样惊慌失措，到底碰到了什么？"

僧人忐忑不安地说："我正在移植一棵小树苗，却突然挖出了一坛黄金！"

两个人感到好笑："这人真蠢！挖出了黄金，还被吓得魂不附体。真是太有意思了！"

"你在哪里发现的？告诉我们吧，我们不害怕！"两人喜不自禁。

僧人说:"这东西会吃人的,难道你们不怕?"

两人异口同声地说:"不怕,你就赶快告诉我们黄金在什么地方吧!"

僧人说:"就在树林最西边的那棵小树下面。"两个朋友立刻找到那个地方,果然发现了一坛金子。

两个人一见到黄金,不禁眉开眼笑:"黄金会吃人?哈哈!哈哈!"

"别管那么多了,我们还是想办法把这坛黄金运回去吧。"其中一个人说,"不过现在把它运回去不太安全,还是等会儿再说吧。我留在这里看着,你去拿些饭菜来,我们在这里吃完饭,然后等到半夜再把黄金运回去。"另外一个人就去准备饭菜了。

留下的那个人心想:"要是这些黄金都归我所有该多好呀!等他回来,我就一木棒把他打死,这些黄金自然就全归我了。"

回去的那个人也在想:"我回去先吃饱饭,然后在他的饭里下些毒药。他一死,黄金就全是我的了。"

那位朋友提着饭菜刚到树林里,就被另一个人从背后狠狠地用木棒打死了。然后那个人说道:"亲爱的朋友,是黄金逼我这样做的。"

然后那个人就拿起饭菜,狼吞虎咽地吃了起来。没过多久,他感觉肚子里像火烧一般,他知道自己中毒了,临死的时候他说:"僧人说的话真的应验了!我当初怎么就没想明白呢?"

黄金岂会吃人?是人的贪欲在吃人,人一旦有了贪欲,便会产生恶念,就会做出不顾一切的举动,当得到的比需要的更多,便会引发心中的贪婪,从此一发不可收拾,终成为金钱的奴隶。赚钱是为了生活,但生活绝不是为了赚钱。死心塌地地追逐钱只会被钱捆绑起来,最终落得被生活遗弃的下场。

从前,有一个农夫,他每天不辞辛劳地工作,但他仍然非常贫穷。

一天,他来到一片离家很远的树林,碰到一位老妇人,那老妇人对他说:"我知道你每天很辛苦,但是得到的却是微不足道的。我送你一枚魔法钻戒，它能够使你拥有财富。当你说出你想要得到什么，同时转动你手指上的戒指时，你将会立刻得到你所希望拥有的东西。但是，这枚戒指只能实现你的一个愿望，所以你在许下愿望之前要仔细考虑清楚。"惊愕的农夫接过戒指，激动地踏上了回家的路。

晚上，农夫路经一座大城市时，遇到了一个商人，他拿出了魔法钻戒，向商人讲述了这段稀奇的经历。商人邀请农夫晚上住在他家。深夜，商人来到熟睡的农夫身边，他小心翼翼地用一枚相同的戒指，换走了农夫手指上的魔法钻戒。农夫早上醒来，向商人道谢，却发现商人被一堆金子压死了。农夫在金子堆中找到了戒指。

农夫回到家，把魔法钻戒的故事讲给妻子听。妻子按捺不住激动，对丈夫说："试试看，让它带给我们大片的土地。"

"我们必须仔细对待我们的愿望，不要忘记，这戒指只能帮我们实现一个愿望。"农夫解释着，"最好让我们再苦干一年，我们将会拥有多顷良田。"从此，他们竭尽全力地工作，获得了足够的钱，买了他们所希望拥有的土地。

农夫的妻子想要一头牛和一匹马。农夫说："亲爱的，我们何不再继续苦干一年？"于是一年后，他们又买回了牛和马。

"我们是最快乐的人。"农夫说，"不要再谈什么魔法钻戒了，我们拥有年轻，拥有有力的双手。等到我们老的时候，我们再去想那戒指吧。"

40年以后，农夫和他的妻子已经变老了，他们的头发变得和雪一样白，他们拥有了所希望获得的一切，而那枚"魔法钻戒"依旧完好地保存着。

华服美衫、别墅豪宅都不过是人生的装饰品而已，而幸福才是永不贬值的财富。

穷人可能没有很多钱，但拥有健康的体魄，明确的志向，争取充实而美好的生活；穷人可能没有漂亮的妻子，但凭着一颗宁静、淡定的内心，收获单纯而美好的爱情；穷人可能没有足以炫耀的事业，但拥有不畏挫折的斗志和自信乐观的心态，能够赚取自己的一席之地。

金钱并不是能够满足人心灵的东西，虽然它能为人心灵的满足提供多种便利。我们要冷静面对金钱的诱惑，以免自己被无情地缠绕。

恰如其分地富有

人世间，帝王将相并不一定就永久快乐，贩夫走卒也不是一辈子劳苦，一个人只要心安理得，恰如其分地做其"本分"事，即是幸福。

安贫乐道并不是让人不思进取，而是让人以贫困来磨炼自我，懂得勤劳耕耘才能收获；安守本分并不是让人处处退让，而是让人认清自己的能力，找到自己的位置，继而再接再厉地奋斗。恰如其分地做自己所能做到的事情，这才是富有秘诀。

为人处世，穷而不乏，实属难能可贵的精神。毕竟荣华富贵常使人飘飘欲仙，而那些每天奔波劳碌的贩夫走卒，风餐露宿，看起来异常凄苦，但有了钱财和权力，未必总能给人带来快乐，烦恼也会随着名利袭上心头，反而是那些本本分分活着的人，每天做着恰如其分的事情，反而获得了幸福，因为他们或许物质上未能达到极大丰富，但精神并不匮乏。

《庄子·山木》中曾记载了这样一则故事。庄子身穿粗布衣并打上补丁，工整地用麻丝系好鞋子走过魏王身边。魏王见了说："先生为什么如此疲惫呢？"庄子说："是贫穷，不是疲惫。士人身怀道德而不能够推行，这是疲惫；衣服坏了鞋子破了，这是贫穷，而不是疲惫。这种情况就是所谓生不逢时。大王没有看见过那跳跃的猿猴吗？它们生活在楠、梓、橡、樟等高大乔木组成的树林里，抓住藤蔓似的小树枝自由自在地跳跃而称王称霸，即使是神箭手羿和逢蒙也不敢小看它们。等到生活在柘、棘、枳、枸等刺蓬灌木丛中，小心翼翼地行走而且不时地左顾右盼，内心震颤恐惧发抖；这并不是筋骨紧缩有了变化而不再灵活，而是所处的生活环境很不方便，不能充分施展才能。如今处于昏君乱臣的时代，要想不疲惫，怎么可能呢？这种情况比干遭剖心刑戮就是最好的证明啊！"

庄子物质生活很贫穷，但是他的精神生活却并不贫穷。安贫乐道是庄子对自己的要求，也是对世人的忠告，但正如庄子所说，贫穷并非疲惫，安贫乐道的人也并非没有精神内涵，不思进取。一个人物质上贫穷并不可怕，但一定不要使自己的心理贫穷，心理贫穷才是真正的可悲。庄子生活困苦，但是庄子的精神力量却散发着耀眼的光辉，他深谙快乐生活的道理，心与物游，天真烂漫，这种贫穷在某种意义上可以说是最富有。

春秋时的名士原宪住在鲁国，拥有一丈见方的房子，屋顶盖着茅草，用桑枝做门框，用蓬草做成门，用破瓮做窗户，用破布隔成两间，屋顶漏雨，地面潮湿，他却端坐在那里弹琴。子贡骑着大马，穿着白大衣，由于小巷子容不下高大的马车，他只好下马走着去见原宪。原宪戴顶破帽子，穿着破鞋，倚着藜杖在门口，子贡说："呵！先生患了什么病？"原宪回答说："我听说，没有钱叫做贫，有学识而无用武之地叫做病，现在我是贫，不是病。"子贡听了，脸上露出羞愧的表情。

子贡听了原宪对于贫穷的看法，他自己的脸上也露出了羞愧的表情，因为他自己实际上有了心病：不能从高层次看待贫困的问题，也忍受不了贫困的生活，更不理解那些善于忍受贫困，而心怀大志的人。

不同的人对于贫穷的看法不同、判断标准不同，忍受贫穷的能力也不同。有些人是不得不居于贫困，所以觉得贫困是可怕的，这是着眼于物质生活的贫困。还有一些人是甘居贫困，是借贫困的环境来磨炼自己的意志，这是自觉地忍受贫困。他们看重自己的精神修养，这才能积极地忍受贫困。

贫穷毕竟不是什么幸福的事。每个人都希望改变贫穷的状况，但是急于求成或是用歪门邪道去脱贫，不是真正的脱贫，而不过是贪恋富贵罢了。那些贩夫走卒，奔波劳苦，虽然过着贫苦的生活，但他们享受着劳动的快乐和精神的充实，一步一步地向幸福生活在迈进；那些满腹经纶的人，虽然积累学识非常辛苦，但他们可以用知识来创造财富，一样能飞黄腾达。许多人心灵空虚，贪欲满腹，即使家财万贯，也未必能快乐，因为他们不知道知足常乐，不懂得心安理得，也就注定了他们得不到快乐，只能在欲望和痛苦的泥淖中苦苦挣扎。只有当他们舍弃对外物的欲望，懂得恰如其分地富有，才能心安理得地享受生命的自在与欢乐。

>>> 第十一章

你能放下多少，幸福就有多少

人生的"口袋"只能装载一定重量的东西，人前进的行程就是一个不断舍弃的过程。有舍弃"绚丽"和"温馨"的烦恼，也有获得"香甜"和"明艳"的喜悦。人生就是在舍弃与获得的交替中得到升华，从而到达高层次的境界的。获得很美丽，舍弃也很美丽。

不舍弃鲜花的绚丽，得不到果实的香甜

人生就像一场旅行，在行程中，你会用心去欣赏沿途的风景，同时也会接受各种各样的考验，这个过程中，你会失去许多，但是，你同样也会收获很多，因为，失去是另一种获得。

有一位住在深山里的农民，经常感到环境艰险，难以生活，于是便四处寻找致富的好方法。一天，一位从外地来的商贩给他带来了一样好东西，尽管在阳光下看去那只是一粒粒不起眼的种子，但据商贩讲，这不是一般的种子，而是一种叫做"苹果"的水果的种子，只要将其种在土壤里，两年以后，就能长成一棵棵苹果树，结出数不清的果实，拿到集市上，可以卖好多钱呢！

欣喜之余，农民急忙将苹果种子小心收好，但脑海里随即涌现出一个问题：既然苹果这么值钱、这么好，会不会被别人偷走呢？于是，他特意选择了一块荒僻的山野来种植这种颇为珍贵的果树。

经过近两年的辛苦耕作，浇水施肥，小小的种子终于长成了一棵棵茁壮的果树，并且结出了累累硕果。这位农民喜出望外，心想："因为缺乏种子的缘故，果树的数量还比较少，但结出的果实肯定能卖个好价钱。"于是，他选了一个吉祥的日子，准备在这一天摘下成熟的苹果，挑到集市上卖。

这一天终于来到了，农民一大早便上路了。但当他气喘吁吁爬上山顶时，心里猛然一惊，那一片红灿灿的果实，竟然被外来的飞鸟和野兽们吃了个精光，只剩下满地的果核。想到这几年的辛苦劳作和热切期望，他不禁伤心欲绝，大哭起来。他的财富梦就这样破灭了。在随后的岁月里，他的生活

仍然艰苦，只能苦苦支撑下去，一天一天地熬日子。不知不觉之间，几年的光阴如流水一般逝去。

一天，他偶然来到了这片山野。当他爬上山顶后，突然愣住了，因为在他面前出现了一大片茂盛的苹果林，树上结满了累累硕果。这会是谁种的呢？在疑惑不解中，他思索了好一会儿才找到了一个出乎意料的答案。这一大片苹果林都是他自己种的。几年前，当那些飞鸟和野兽在吃完苹果后，就将果核吐在了旁边，经过几年的生长，果核里的种子慢慢发芽生长，终于长成了一片更加茂盛的苹果林。

现在，这位农民再也不用为生活发愁了，这一大片林子中的苹果足以让他过上温饱的生活。

从这个故事当中我们可以看出，有时候，失去是另一种获得。花草的种子失去了在泥土中的安逸生活，却获得了在阳光下发芽微笑的机会；小鸟失去了几根美丽的羽毛，经过跌打，却获得了在蓝天下凌空展翅的机会。人生总在失去与获得之间徘徊。没有失去，也就无所谓获得。

生活如同一棵树——发芽、成枝、落叶，来年一如既往。仔细回味一番，不必对得失耿耿于怀，在痛苦时想想快乐，快乐时忆苦楚，始终保持心情的平和，生命才会充满温暖柔和的色彩。每一道风景来了又走了，每一段缘分聚了又散了，等待你的还有另一处风光和回忆，没有之前的放弃，哪来现在的得到呢？

时间公平地对待每一个瞬间，一扇门关上了，必定有另一扇门打开。你失去了一种东西，必然会在其他地方收获另一种东西。关键是，你要有乐观的心态，相信有失必有得。要舍得放弃，正确对待你的失去，失去有时就是另一种获得。只有不停地向前走，才能摆脱重重阻碍，得见白云处处、春风风习习的幸福终点。

接受失去，学会放弃

执著地对待生活，紧紧地把握生活，但又不能抓得过死，松不开手。人生这枚硬币，其反面正是那悖论的另一要旨：我们必须接受"失去"，学会放弃。

国王有5个女儿，这5位美丽的公主是国王的骄傲。她们乌黑亮丽的长发远近皆知，所以国王送给她们每人10个漂亮的发夹。

有一天早上，大公主醒来，一如往常地用发夹整理她的秀发，却发现少了一个发夹，于是她偷偷地到二公主的房里，拿走了一个发夹。当二公主发现自己少了一个发夹，便到三公主房里拿走一个发夹，三公主发现少了一个发夹，也如法炮制地拿走四公主的一个发夹，四公主只好拿走五公主的发夹。于是，最小的公主的发夹只剩下9个。

隔天，邻国英俊的王子忽然来到皇宫，他对国王说："昨天我养的百灵鸟叼回一个发夹，我想这一定是属于公主们的，而这也真是一种奇妙的缘分，不知道百灵鸟叼回的是哪位公主的发夹？"

公主们听到了这件事，都在心里说：是我掉的，是我掉的。可是头上明明完整地别着10个发夹，所以都懊恼得很，却说不出口。只有小公主走出来说："我掉了一个发夹。"话才说完，一头漂亮的长发因为少了一个发夹，全部披散下来，王子不由得看呆了。

故事的结局，当然是王子与小公主从此一起过着幸福快乐的日子。

对善于享受简单和快乐的人来说，人生的心态只在于进退适时、取舍得当，因为生活本身即是一种悖论：一方面，它让我们依恋生活的馈赠；另一方面，又注定了我们对这些礼物最终的舍弃。

生活有时会逼迫你不得不交出权力，不得不放走机遇，不得不抛下爱情。也许这些失去，会让你捶胸顿足、痛不欲生，但是，不要忘了，在失去的另一面，总有收获在等着你去揭晓。

中国雅虎前任总裁曾鸣曾说："一个臭的决策往往是很容易就决定了，而一个好的决策往往在一时之间难以取舍，这是因为你不知道它到底是对的还是错的。"一个领导者的决策过程就是舍与得的取舍过程。就像阿里巴巴有很多错误，但是它在取舍方面就有好与坏之分。马云为了使阿里巴巴成为世界上最好的电子商务平台，多年来一直"舍得"让新成立的业务处于亏损状态。

在2007年的年会上，马云指出阿里巴巴目前的主要任务是做大规模，而不是赚钱，尤其是对淘宝和支付宝而言。他让大家忘掉钱，忘掉赚钱，不要在意外界对阿里巴巴的负面评价。很多人都很关注阿里巴巴的淘宝网收费的问题，马云的想法很简单，他认为淘宝如果要真正想赚钱，首先要考虑的是淘宝是否真正帮别人赚了钱，所以说，淘宝现在收费的时机还尚不成熟，因为它的市场还需要培育。如果阿里巴巴在路上发现了很多的小金子，于是它就不断地捡起来，当它浑身装满了金子的时候它就会走不动，这样的话它就永远到不了金矿的山顶。另外，马云认为淘宝收费是需要有一点创新的，因为所有模仿的东西都不会超出预期值很多，就像Google能超出人们期望的高度就是因为它的创新，全球最大门户网站雅虎也是靠自己的创新最终大获成功的。

自从淘宝成立以来，它每年的交易额以10倍的速度迅速增长，仅2007年上半年的交易额就达到了157亿，网站注册会员超过4000万，在中国电子商务市场中的份额几乎达到了80%。面对这样卓越的成绩，淘宝方面却说："我们现在的规模连婴儿都不是。"他们认为只有当淘宝的交易额可以与传统的商业巨头，像国美、沃尔玛等相媲美时，淘宝才是真正面向个人用户电子商务的未来所在。

马云的这种舍弃小利益,为社会创造更高价值的理念,使得他把握住了互联网的命脉。同时,正是基于对电子商务的坚定信念,马云立志在不久的将来要把阿里巴巴做成世界十大网站之一,从而实现"只要是商人,就一定要用阿里巴巴"的目标。

生活中,掌握进退之道有诸多妙处。大舍大得,小舍小得,退往往只是为了换一个角度、换一个方向,或腾出一些空间。好比两车相逢,有时必须自己先退让,才有前进的可能,或是前进无路,只好后退另寻他途。当正面对战已无取胜可能,而且将耗损自己实力时,可暂时后退,以保存实力,补充战斗力,这才是为人处世之道。

放下才能拿起

人们常说:"举得起、放得下的是举重,举得起、放不下的叫做负重。"放弃之后,你会发现,原来你的人生之路也可以变得轻松和愉快。生活有时会逼迫你不得不交出权力,不得不放走机遇,然而,有时放弃并不意味着失去,反而可能因此获得。

一个青年非常羡慕一位富翁取得的成就,于是他跑到富翁那里请教成功的诀窍。

富翁弄清楚了青年的来意后,什么也没有说,而是转身从厨房拿来了一个大西瓜。青年有些迷惑不解,不知道富翁要做什么,他只是睁大眼睛看着,只见富翁把西瓜切成了大小不等的三块。

"如果每块西瓜代表一定的利益,你会如何选择呢?"富翁一边说一边把西瓜放在青年面前。

"当然选择最大的那块!"青年毫不犹豫地回答。

富翁笑了笑说:"那好,请用吧!"

于是富翁把最大的那块西瓜递给了青年,自己却吃起了最小的那块。当青年还在津津有味地享用最大的那一块西瓜的时候,富翁已经吃完了最小的那一块。接着,富翁很得意地拿起了剩下的一块,还故意在青年眼前晃了晃,然后大口地吃了起来。

其实,那块最小的和最后那一块加起来要比最大的那一块分量大得多。青年马上就明白了富翁的意思:富翁开始吃的那块西瓜虽然没有自己吃的那块大,可是最后却比自己吃得多。

如果每块西瓜代表一定程度的利益,那么富翁赢得的利益自然要比自己的多。

吃完西瓜,富翁讲述了自己的成功经历,最后语重心长地对青年说:"要想成功就要学会放弃,只有放弃眼前的小利益,才能获得长远的大利益,这就是我的成功之道。"

许多人做事总是把眼前利益看得很重,结果反而失去了长远的利益。有长远目光、变通意识的人却能毫不犹豫地舍弃小利,因为他们知道这会换来人生的大胜利。

人生在世,有许多东西是需要不断放弃的。在仕途中,放弃对权力的追逐,随遇而安,得到的是宁静与淡泊;在淘金的过程中,放弃对金钱无止境的渴求,得到的是安心和快乐;在春风得意、身边美女如云时,放弃对美色的占有,得到的是家庭的温馨和美满。

苦苦地挽留夕阳,是傻人;久久地感伤春光,是蠢人。什么也不放弃的人,往往会失去更珍贵的东西。今天的放弃,是为了明天的得到。

小王所在的装饰公司已经好几个月没有工程可做了。就在大家为公司的前途焦虑的时候，老板拿来了一份海滨别墅的装修合同，并委派小王负责这个工程。

小王喜出望外，3天后便拿出了设计方案和效果图，经客户审阅后很快付诸实施。在接下来的日子里，小王一心扑在工程上，从选料到施工严格把关，生怕出现质量问题。

5个月后，工程即将完工，老板来到工地检查。当老板走过回廊，准备穿过客厅去花园时，突然停在了一面玻璃墙前。他用视线量了量角度，又用手敲了敲墙体，然后转身拿过来一把铁锤猛地朝玻璃墙砸去。只听"轰"的一声，玻璃墙成了一地碎片。"老板，你为什么要砸这面墙？"小王被老板的举动惊呆了。"玻璃墙偏了5度，抗冲击力不够。这令我不满意。""你不满意，也犯不着一锤子就砸碎1万元呀！""我宁可一锤子砸碎眼前这1万元，也不愿意让这面墙影响了整个工程的质量而失去市场，失去日后的100万，甚至1000万！"

小王极不情愿地重新选料，并赶在交工前重新装修好了那面玻璃墙。交工那天，精美的装修赢得了客户的高度评价，而且还为他们推荐了几个新的客户。公司由此度过了困难时期，业务量开始大幅攀升。

在公司举行的庆功酒会上，老板亲切地对小王说："1万元是能看得到的，而100万元、1000万元则是看不到的。看得到的永远是那么一点点，看不到的才是一大片。年轻人，不被眼前的利益所诱惑，你才会走得更远。"

能够看到别人所看不到的，这是成功者最大的特征。不要单纯为眼前看得见、摸得着的利益心动，控制自己的欲望，抵制一时的诱惑，要有"舍卒保车"的变通意识，能够透过诱惑看到长远利益的人，才是成功的人。

这个社会中的许多人在面对来自红尘之中的种种诱惑时迷失了自己，跌入了欲望的深渊，把自己装入了一个个打造精致的，名叫"功名利禄"的金丝笼里。更为悲哀的是，鸟儿被囚禁于笼中，被人玩弄于股掌之上，仍欢呼雀跃，放声高歌，甚至于呢喃学语，博人欢心；而人类置身于功名利禄的包围中，仍自鸣得意，感觉唯我独尊。这应该说是一种更深层次的悲哀。

懂得放弃才有快乐，背着包袱走路总是很辛苦。能够放弃是一种超越，当你能够放弃一切，做到简单从容地活着的时候，你生命的低谷就过去了。我们总是只关注放弃时眼下的痛苦，殊不知如果我们不放弃，就会遭遇更大的痛苦。放弃，是一种格局，是我们发展的必由之路，大弃大得，小弃小得。漫漫人生路，学会放弃，便能轻装前进，不断有所收获。

人生就像救火，只能有选择地抢救一部分东西

人生好比救火，只能有选择地抢救一部分东西，该救什么、该弃什么，取舍之间，全看自己了。当然，要放弃一些自己很在意的东西并非是件容易的事，但如果你一直犹豫不决，那到头来只能一无所有。

迈克·莱恩是一名探险队员。1976年，他随英国探险队成功登上珠穆朗玛峰。就在他们下山的时候，天开始下大雪，每行一步都极其艰险，最让他们害怕的是风雪根本就没有停下来的迹象。当整个探险队陷入迷茫的时候，迈克·莱恩率先丢弃所有的随身装备，只留下不多的食品，轻装前行。他的这一举动几乎遭到所有队员的反对，他们认为现在到山下最快也要10天时间，这就意味着这10天里不仅不能扎营休息，还可能因缺氧而使体温下降导致冻坏身体，那样，他们的生命就要受到威胁。

面对队友的顾忌，迈克·莱恩坚定地说："我们必须而且只能这样做，这样的雪山天气10天甚至半个月都有可能不会好转，再拖延下去路标也会被全部掩埋。丢掉重物，就不允许我们再有任何幻想和杂念，只要我们坚定信心，徒手而行就可以提高行走的速度，也许这样我们还有生的希望！"最后，队友们采纳了他的建议，大家一路互相鼓励，忍受疲劳、寒冷，不分昼

夜，只用了8天时间就到达安全地带。恶劣的天气确实正像莱恩所预料的那样从未好转过。

这一年，伦敦英国国家军事博物馆负责人找到迈克·莱恩，请求他赠送给博物馆任何一件与英国探险队当年登上珠峰有关的物品，莱恩毫不犹豫地将他那次下山时因冻坏而被截下的10个脚趾和5个右手指尖交给了他。

正是由于莱恩当年一次正确的放弃，才挽救了所有队友的生命；也由于这个选择，他的登山装备无一保存下来，而冻坏的指尖和脚趾却在医院截掉后留在了身边。这是博物馆收到的最奇特而又最珍贵的赠品。

放弃与获取是一对矛盾的统一体。没有放弃就没有获取，得到的同时必然也会失去。很多聪明人明白这一道理，从不患得患失，更没有过多欲望，他们敢于放弃，所以无论干什么，都能取得成功。

一只倒霉的狐狸被猎人套住了一条小腿，它毫不迟疑地咬断了那条小腿，然后逃命。放弃一条腿而保全生命，这是狐狸的哲学。人生亦应如此，在付出惨痛的代价以前，主动放弃局部利益而保全整体利益是最明智的选择。智者曰："两弊相衡取其轻，两利相权取其重。"趋利避害，学会选择，懂得放弃的权衡之道才会事事如鱼得水。

人生短暂，与浩瀚的历史长河相比，世间一切恩恩怨怨、功名利禄皆为短暂的一瞬，祸兮福所倚，福兮祸所伏。得意与失意，在人的一生中只是短短的一瞬。行至水穷处，坐看云起时，古今多少事，都付笑谈中。放弃是一种睿智，它可以放飞心灵，可以还原本性，使你真实地享受人生；放弃是一种选择，没有明智的放弃就没有辉煌的胜利。进退从容、积极乐观，必然会迎来光辉的未来。放弃绝不是毫无主见，随波逐流，更不是知难而退，而是一种寻求主动、积极进取的人生态度。

放弃是一种生存的魄力

人生在世，喜欢的东西无穷尽，但不是所有我们喜欢的东西都一定要据为己有。很多人因为自己得不到的东西而殚精竭虑、失魂落魄，在无尽的追逐中，偏离了原本属于自己的人生轨道，失去了更多的东西。古语有云："有果必有因，缘起缘落，是你的终究是你的，不是你的，强求也得不来。"

有个书生和未婚妻约好在某年某月某日结婚，但到了那一天，未婚妻却嫁给了别人，书生为此备受打击，一病不起。

这时，一位过路的僧人得知这个情况，就决定点化一下他。僧人来到他的床前，从怀中摸出一面镜子叫书生看。书生看到茫茫大海，一名遇害的女子一丝不挂地躺在海滩上。路过一人，看了一眼，摇摇头走了。又路过一人，将衣服脱下，给女尸盖上，走了。再路过一人，过去，挖个坑，小心翼翼地把尸体埋了。书生正疑惑间，画面切换。

书生看到自己的未婚妻，洞房花烛，被她的丈夫掀起了盖头。书生不明就里，就问僧人。僧人解释说："那具海滩上的女尸就是你未婚妻的前世。你是第二个路过的人，曾给过她一件衣服。她今生和你相恋，只为还你一个情。但她最终要报答一生一世的人，是最后那个把她掩埋的人，那个人就是她现在的丈夫。"书生听后，豁然开朗，病也渐渐地好了。

放弃了一段成就不了的无缘的爱情，书生才能够获得新生。我们的生活中并不需要那么多无谓的执著，更没有太多的不能割舍。人的一生不可能什么都得到，放弃了条件丰厚、优越的城市生活，才能够过清净宜人、悠然自得的生活；放弃了大量的闲暇时间，去努力拼搏，才能够听到来自成功后祝贺的掌声，放弃了娇嫩的皮肤，整日在烈日的暴晒下练习，才能成为奥运会上的一名田径运动员。学会放弃，是一种人生的哲学，能够做到敢于放弃，那是一种生存的魄力，更是一种良好的心态。

过去有一个人出门办事，跋山涉水，好不辛苦。有一次经过险峻的悬崖，一不小心掉到了深谷里去。

此人眼看生命危在旦夕，双手在空中攀抓，刚好抓住崖壁上枯树的老枝，总算保住了性命，但是人悬荡在半空中，上下不得，正在进退维谷、不知如何是好的时候，忽然看到慈悲的佛陀，站立在悬崖上慈祥地看着他，此人如见救星般，赶快求佛陀说："佛陀！求求您慈悲，救我吧！"

"我救你可以，但是你要听我的话，我才有办法救你上来。"佛陀慈祥地说。

"佛陀！到了这种地步，我怎敢不听你的话呢？随你说什么？我全都听你的。"

"好吧！那么请你把攀住树枝的手放下！"

此人一听，心想，把手一放，势必掉到万丈深渊，跌得粉身碎骨，哪里还保得住性命？因此更加抓紧树枝不放，佛陀看到此人执迷不悟，只好离去。

放弃，是一种人生境界，只有超然于生命之上的顿悟，才能够让自己获得重生。人处在生命的紧要关头，往往会因为怕死而无谓牺牲，有时候放弃了手中的救命稻草，其实是另一种生机。

人生亦是如此，当生活强迫我们必须在两难境地作出生死抉择的时候，必须要放弃一时的心安，而来争取全局的胜利。放弃是一种远见，放弃是一种智慧。有所放弃，才会有所收获，才能最少地损害自己的利益，最大地保全自己。有所放弃，才能发现自己执著的人生背后还有一片天空。学会放弃，便会迎来另一种机遇，另一个精彩的世界！

一拿一放间，成就幸福

我们也许常听父母提起他们的小时候，说那时虽然吃不饱、穿不暖，却觉得幸福就在指间；我们也许常听自己的同龄人抱怨，抱怨生活中有太多的抉择，以至于幸福就在抉择中溜走了一半。也许是我们的生活比起父辈来过于琳琅满目，也许是杂乱的物质让我们的思想变得越来越复杂，在光怪陆离的生活中我们丢掉了幸福，殊不知，简单的幸福却在一拿一放之间等待着我们。

人生中，左右为难的情形会时常出现，比如面对两份同具诱惑力的工作，两个同具诱惑力的追求者。为了得到其中"一半"，你必须放弃另外"一半"。若过多地权衡，患得患失，到头来将两手空空，一无所得。我们不必为此感到悲伤，因为能抓住人生"一半"的美好就已经足够幸福了。

两个朋友一同去参观动物园。动物园非常大，他们的时间有限，不可能参观到所有动物。他们便约定：不走回头路，每到一处路口，选择其中一个方向前进。

第一个路口出现在眼前时，路标上写着一侧通往狮子园，一侧通往老虎山。他们琢磨了一下，选择了狮子园，因为狮子是"草原之王"。又到一处路口，分别通向熊猫馆和孔雀馆，他们选择了熊猫馆，熊猫是"国宝"嘛……

他们一边走，一边选择。每选择一次，就放弃一次，遗憾一次，但时间不等人，如不这样做他们的遗憾将更多。只有迅速作出选择，才能减少遗憾，得到更多的收获，得到幸福的感觉。

幸福在选择中诞生，然而在选择和取舍时却必须要有理性、睿智和远见卓识，不可鼠目寸光，不可急功近利，更不可本末倒置、因小失大。选择不是一锤子的买卖，不能因为一粒芝麻丢了西瓜；不能因为留恋一棵小树而失去整片的森林。

很多时候，我们总是想选择这个，却害怕错过那个，于是拿起来又放下，到最后一刻还在犹豫。我们觉得这个会有这样的缺点，那个会有那样的不足，所以总迟迟下不了决心，或者选择之后，又来回地更改，时间和精力都在患得患失之际被耽搁了，幸福也在指间流走。世界上没有十全十美的东西让你选择，每一样东西都会有它自身的弱点，所以，当我们选择之后就该大胆地往前走，而不是走一步三回头，否则会在很大程度上影响了前进的速度。

那些事业有成之士，总会在抉择之后一直走下去。释迦牟尼在宗教事业和王位之间，选择了创立佛学；鲁迅在拯救人的灵魂和人的身体之间选择成为一代文豪；迈克尔·乔丹放弃了棒球运动员的梦想，成为世界篮坛上最耀眼的"飞人"球星，帕瓦罗蒂放弃了教师职业，成为名扬世界的歌坛巨星。

人生的大多数时候，无论我们怎样审慎地选择，终归都不会是尽善尽美，总会留有缺憾。缺憾本身也是一种美。有些选项看似诱人，但如果不适合自己，就要果断舍弃。作出什么样的选择，要视自身条件和具体情况而定，要有主见，不能人云亦云。

有一位好莱坞女演员，失恋后，怨恨和报复心使她的面孔变得僵硬而多皱，她去找以为最有名的化妆师为她整容。这位化妆师深知她的心理状态，中肯地告诉她："你如果不消除心中的怨和恨，我敢说全世界任何美容师都无法美化你的容貌。"

幸福的奥妙看似难以参透，幸福的本质，却又是何等的清晰与单纯，放下内心所有的愁怨与不满，潇洒地转身，旋即，你便能够望见幸福。

>>> 第十二章

像恋爱一样去工作

忙碌是一种生活状态，但不应该成为心灵的常态。若只能从忙碌中体会到烦恼与纷扰，便很难体验到游刃有余、自由洒脱的心境。在忙碌的世俗生活中，保持一种平常心，将忙碌的劳累与不快沉淀到心底，才是在工作中获得快乐的方法。

工作并非苦役，尽情享受工作

旋！旋！旋！满满的一车螺丝钉都要旋出来！对于刚做旋车工的萨姆尔来说，他似乎觉得自己的一生都要消磨在旋钉子这件琐事上了。他满腹牢骚，老想着自己干什么别的不好，偏偏一定要来这旋钉子呢？就算他把这一大堆的螺丝钉都旋完了，过一会马上又会有另一车堆在原来的地方，然后，自己又得不停地旋啊！旋啊！这一切多么可怕呀！

在第二架旋车上的旋车工荷维德听了萨姆尔的埋怨，也很郁闷地叹了口气，以表同情。他和萨姆尔一样，也很讨厌这份工作。

有什么办法呢？难道去找工头说：以自己的能力，做这种简单的体力活简直就是大材小用，因此，我希望得到另外一份更好的工作？萨姆尔可以想象得到工头听到这些话时的轻蔑神情。要么，干脆就辞职不干了，另外再去找一份工作！这可是他费了九牛二虎之力才找到的一份工作啊！萨姆尔是绝对不能轻易辞职的。

难道就没有别的办法来改变这种讨厌的工作吗？办法总归会有的，关键在于肯不肯动脑子去思考。当萨姆尔想到这一点时，他立刻想出一个很聪明的方法，可以使这种单调乏味的工作变成一件很有趣味的事——他要把它变成一种游戏。他转过头来对他的同伴说："让我们来比赛比赛吧，荷维德，你在你的旋机上磨钉子，把外面一层粗糙的东西磨下来。然后，我再把它们旋成一定的尺寸。我们比一比，看谁做得快。过一会如果你磨钉子磨烦了，我们再换着做。"

荷维德同意了萨姆尔的建议，于是，他们俩之间的比赛马上就开始了。这样一来，果不其然，工作起来再不像以前那么烦闷了，而且工作效率还比以前提高了。不久,工头便给他们换了一个较好的工作。

这位聪明的年轻人萨姆尔就是后来鲍耳文火车制造厂的厂长。

萨姆尔并不是咬紧他的牙关,好像受酷刑一样去从事自己所痛恨的工作,而是把工作变成了一种游戏,使自己做起来饶有趣味。后来他说:"如果你不能在你所从事的工作中闯一条路出来,你就应该换一个工作试一试。"

这是一个很好的忠告,但是秘诀便在寻求工作乐趣的方法上,一味地埋怨和厌烦是无法找到乐趣的,而是要通过一种更好的方法去做到这一点。

安德鲁·卡内基曾说过:"如果一个人不能在他的工作中找出点浪漫来,这不能怪罪于工作本身,而只能归咎于做这项工作的人。"

卡内基之所以能够取得巨大成功,主要原因就在于他既知道享受生活中的快乐,而且还能以工作为乐。

你的工作是一种快乐还是一种折磨,多半取决于你对工作的态度,而不在于工作本身。如果一个人能将你事业的第一个基石安放在有价值的生活根基上,他就可以使工作成为一种享受。

一个人的降生,便表示他在自然界中最大的游戏——生活的游戏中被选为选手之一。如果一个人能让自己主动加入这一伟大的游戏中,他所体验到的震惊该会是相当巨大的!每一个黎明便是一个新的召唤,每一次跌倒后爬起来都是一个新的起点。

你昨天失败过,那又有什么关系?今天新升的太阳又会给你带来一个崭新的机会,让你好好重新开始。如果你能将每天的生活视为一种去克服暂时的困难的机会,你每天得胜的机会便比前一天多。每天早晨,当你睁开双眼的时候,你便可以看到新的机会、新的得胜的可能、新的可得的奖品、新的可学的规则以及新的竞争者。

尽情地享受工作还是为工作痛苦,这一切都要看你自己的选择。

对于你所从事的工作,应当抱有一种积极乐观的态度,这样,你才可以做得更好。只有比别人做得更好,你才能脱颖而出。如果你能尽自己最大的努力去做自己的工作,不错过每一个机会,这样一直坚持不懈地努力下去,胜利总会在某个地方拥抱你的。

把每一天的工作都当成代表作

每天我们面对的是忙碌的工作,一天之内的大部分时间都给了工作,而一个人如果以一颗厌烦不堪的心去对待自己的工作,那么可想而知,每天8个小时的时间是多么的难熬,那么自己的生活也将会在不愉快中度过,生命就像是苦役一样难熬,而实际上,如果我们不将工作看做是苦役,以快乐无比的心情去工作,我们每天的日子将是另一番样子。

有个美国记者到墨西哥的一个部落采访。这天是个集市日,当地居民都拿着自己的物产到集市上交易。这位美国记者看见一个老太太在卖柠檬,5美分一个。

老太太的生意显然并不太好,一上午也没卖出去几个。这位记者动了恻隐之心,打算把老太太的柠檬全部买下来,以便使她能"高高兴兴地早些回家"。

当记者把自己的想法告诉老太太的时候,她的话却使记者大吃一惊:"都卖给你?那我下午卖什么?"

当一个人将工作看做是一种享受的时候,就像这个老太太一样,她并没有将自己卖东西看做是一种难熬的日子,反而觉得其中的过程是一种乐趣,当记者自以为是帮助了老太太,让她结束了卖东西的这个过程,老太太反而不高兴了,因为这样的话,她下午的时间就缺少了乐趣。并不是生活中所有的人都只希望得到结果，而不享受过程的美妙！

在职场中，像卖柠檬老太太那样，对自己所从事的事业充满热情的人并不是太多，许多人不是把工作当做乐趣，而是视工作为苦役。早上一醒来，他们头脑里想的第一件事就是：痛苦的一天又开始了……磨磨蹭蹭地挪到公司以后，无精打采地开始一天的工作，好不容易熬到下班，立刻就高兴起来，和朋友花天酒地之时总不忘诉说自己的工作有多乏味，有多无聊。其结果工作在他们眼中变成了一种非做不可的义务和负担。这种压力使他们觉得生活也因之变得黯淡无趣了。

事实上，工作是一个人个人价值的体现，应该是一种幸福的差事，我们有什么理由把它当做苦役呢？一个懂得简单之道的人应当怀着一种很轻松的心态看待自己的工作，把它当成一种幸福的事，这样工作就会变得简单有趣多了。很多人抱怨工作本身太枯燥，然而，问题往往不是出在工作上，而是出现在我们自己身上。如果我们本身不能热情地对待自己的工作的话，那么即使让我们做我们喜欢的工作，一个月后我们依然会觉得它乏味至极。

即使我们的处境再不尽如人意，也不应该厌恶自己的工作。如果环境迫使我们不得不做一些令人感到乏味的工作，我们应该想方设法使之充满乐趣。用这种积极的态度投入工作，无论做什么，都会很容易取得良好的效果。

人生的很多乐趣是需要自己来寻找的，我们要善于在工作中找到有趣的东西，把每一天的工作当成是乐趣，激情澎湃地投入工作中，尽心尽力地挑战。

化工作压力为奋斗的激情

我们经常会感受到工作的压力，我们该如何应对呢？美国鲍尔教授说："人们在感受工作中的压力时，与其试图通过放松的技巧来应付压力，不如激励自己去面对压力。"

压力对于每一个人都有一种很特别的感觉。不错，人人都会本能地想摆脱压力，但往往都不能如愿！

一个人的惰性与生存所形成的矛盾会是压力，一个人的欲望与来自社会各方面的冲突会是压力。说通俗一些，就是人生的各个阶段都有压力：读书有压力，上班有压力，做老百姓有压力，做领导干部也有压力。总之，压力无处不在！

压力带给人们的感觉不仅仅是痛苦和沉重，它也能激发人们的斗志和内在的激情，使人兴奋，使人的潜能被开发！

体育比赛的压力是大家都有目共睹的，正是因为压力大，才有了世界纪录的频频被打破。企业工作业绩的压力也是很大的，然而正是有了压力才有了飞速发展的企业和层出不穷的人才。

压力不仅能激发斗志，还能创造奇迹。据说有一条非常危险的山路，是人们外出的必经之路，多少年来，从未出过任何事故。原因是，每一个经过的人都被要求必须挑着担子才能通行。可是奇怪的是，人们空着手走尚且很危险的一条狭窄的小路，一边是陡峻的山崖，一边是无底的深渊，挑着担子反能顺利通过。那是因为挑着担的心不敢有丝毫的松懈，全部精力和心思都集中在此，所以，多少年来，这里都是安全的。这正是压力的效应。

相反，没有压力的生活会使人生活得没有滋味。试想，如果所有的学生都是一样的考分，不管你是多么努力；所有的员工都是一样的工资，不管你是多么勤奋……那还会有谁愿意继续努力？人人就只会混日子过，变得越来越懒散，激情也将消失殆尽，社会也将停滞不前。当然，压力也不能太大，大得难以承受，人又会被压垮的，这样的例子也很多。压力不能没有，压力又不能过大，而压力又无法摆脱。是的，生活就是这样，充满着矛盾，我们只能去选择适应生活和改变自己。当你没有了激情，懒懒散散，那就给自己加压，定下一个目标，限期完成；当你感到压力使你心身疲惫，都快成机器了，你不妨化压力为奋斗的激情。

一个充满激情的人，无论他目前的境况如何，从事什么工作，他都会认为自己所从事的工作是世界上最神圣、最崇高的工作；无论工作是多么的困难，或是质量要求多么高，他都会始终一丝不苟、不急不躁地去完成它。

我们每个人都逃脱不了压力的罗网，不管扮演什么样的社会角色，你都要努力去化压力为激情。

凭借激情，我们可以释放出潜在的巨大能量，塑造出一种坚强的个性；凭借激情，我们可以使枯燥乏味的工作变得生动有趣，使自己充满活力，培养自己对事业的追求；凭借激情，我们可以感染周围的人，得到他们的理解和支持，拥有良好的人际关系；凭借激情，我们更可以获得上司的提拔和重用，赢得珍贵的成长和发展的机会。

不为薪水所累，不为职位所惑

有些人刚开始上班，或者刚到一家新公司，所干的工作并不是很重要，拿的薪水也不高，心里便有些不乐意了。两三个月之后，他们甚至会心生不满，觉得公司一点都不重视自己：怎么过了这么久还不重用自己？心里这么一想，对工作的热情也就降了下来，做起事来也不那么用心了，甚至开始马虎应付起来，最后害人害己。

一名员工既然选择了到一家公司工作，遇到薪水或职位的低谷总是难免的，你不能因为一时的失意而丧失对工作的热情、对公司的忠诚。毕竟，事业是长久的，薪水和职位都是一时的。说得更通俗一点就是，老板是看你干了什么才决定给你多少工资的，而不是你看老板给了你多少工资才决定干什么的。一个人只有先做出成绩来，证明自己的能力与贡献，才有资格谈回报。

珍妮是一家公司新来的秘书，她每天的工作是整理、撰写、打印各类文件材料。在很多人看来，珍妮的工作显得单调而乏味，但珍妮并不灰心，她觉得自己的工作很有意思，她说："检验工作的唯一标准是你做得好不好，是否已经尽职尽责，而不是别的。"珍妮每天做着这些工作，久而久之，细心的她发现公司的文件存在很多问题，甚至公司在经营运作上也有不可忽视的问题。于是，她每天除了完成必做的工作外，她还认真搜集一些资料，包括那些过期的材料。她把搜集到的资料整理分类，阅读了很多经营方面的书籍并进行认真分析，写出建议。后来，她把分析结果及有关资料一并交给老板。老板起初也没在意，一次偶然的机会，他才读到珍妮的那份建议。这让老板非常吃惊：这个年轻的秘书，居然有这样缜密的思维，而且分析得细致入微、有理有据。老板决定采纳珍妮所提的多条建议。

从此,老板开始对这位秘书另眼相看,并委以重任,但珍妮还是认为,她只是尽心尽职地做好工作,天经地义,没有必要一定要得到奖赏,因为她已经养成了敬业的习惯。老板为有珍妮这样的员工而感到欣慰,而珍妮的敬业也为她赢得了机会。

对于工作,目光短浅的人认为这是为了老板,目光长远的人则深知这本质上是为了自己。很多人在一个岗位上工作久了,便会觉得自己的工作不过如此,没多大意义,心生懈怠之情。这实在是一种错误的想法。如果说公司是一台机器的话,那么每个员工都是这台机器上的一颗螺丝钉,缺了谁都不行。上至给老板收发文件的,下至看书守仓库的,大家都在为公司的利益与安全共同努力着。缺了哪一个环节,其他环节都会受到影响。

一位年轻的修女进入修道院以后一直在从事织挂毯这项工作。做了几个星期之后,有一天她想离开了。"我再也做不下去了!"她说道,"给我的指示简直不知所云,我一直在用鲜黄色的丝线编织,却突然又要我打结,又要把线剪断,完全没有道理,真是浪费时间。"在一旁织毯的老修女说:"孩子,你的工作并没有浪费时间,其实你织出的很小一部分是非常重要的一部分。"老修女带她走到在工作室里摊开的挂毯面前,年轻的修女看呆了。原来她编织的是一幅美丽的《三王来朝》图,黄线织出的那一部分是圣婴头上的光环。

在工作中,只有看到自己存在的价值,你才能真正感受到自己所进行的工作的真正意义。永远不要轻视自己的工作,要知道,你所从事的工作看似平常,实际上对整个公司来说都非常关键。每个人都要对自己的工作保持一份忠诚的心。比尔·盖茨说:"工作本身没有贵贱之分,对待工作的态度却有高低之别。"如果一个人能够忠于职守,做好自己每一天的工作,那么,他的前途自是不可限量的。

你要储蓄的不仅是工资，还有资本

某公司有一位员工，已经工作了10年，薪水却不见涨。有一天，他终于忍不住内心的不平，当面向老板诉苦。老板说："你虽然在公司待了10年，但你的工作经验不到1年，能力也只是新手的水平。"

这名可怜的员工在他最宝贵的10年青春中，除了得到10年的新员工工资外，其他一无所获。在一个人的事业发展过程中，能力比金钱重要万倍。

雅琴在一家贸易公司工作了一年，由于不满意自己的工作，她经常愤愤地对朋友静玟说："我在公司里的工资是最低的，老板也不把我放在眼里，如果再这样下去，总有一天我要跟他拍桌子，然后辞职不干。"

"那么，你把那家贸易公司的业务都弄清楚了吗？做国际贸易的窍门完全弄懂了吗？"静玟问道。

"还没有！"

"退一步风平浪静，忍一时海阔天空！我建议你先静下心来，认认真真地工作，把他们的一切贸易技巧、商业文书和公司组织完全搞通，甚至把如何书写合同等具体细节都弄懂了之后，再一走了之，这样做岂不是既出了气，又有许多收获吗？"

雅琴听从了静玟的建议，一改往日的散漫习惯，开始认认真真地工作，甚至下班之后，还常常留在办公室里研究商业文书的写法。

一年之后，静玟问起她："现在你大概什么都学会了，可以准备拍桌子不干了吧？"

"可是，我发现近半年来，老板对我刮目相看，最近更是委以重任，升职又加薪。说实话,不仅仅是老板,公司里的其他人都开始敬重我了!"

雅琴很幸运,她只用了一年的时间就深刻体会到了一个人生哲理:只有抱着"为自己工作"的心态,承认并接受"为他人工作的同时,也在为自己工作"这个真实的人生理念,才能心平气和地将手中的事情做好,才能最终获得丰厚的物质报酬,赢得社会的尊重,实现自身的价值。

职场中,员工为老板打工,老板必须付给员工报酬,这是员工价值的一种体现。除此之外,任何一家公司和老板其实还给了每一位员工很多东西。员工在工作中获得的报酬除了金钱,还有经验,还有就是良好的培训、个人职业品质的提高和个人品德的完善。

许多成功人士的一生跌宕起伏,有攀上顶峰的兴奋,也有坠落谷底的失意,但最终都能重返事业的巅峰,俯瞰人生。原因何在?是因为有一种东西永远伴随着他们,那就是能力。他们所拥有的能力,无论是创造能力、决策能力还是敏锐的洞察力,绝非一开始就拥有,也不能一蹴而就,而是在长期工作中学习和积累得到的。

工作是为老板,更是为自己。若为了工资而工作,不但对老板是一种伤害,长期下去也是一种对自己生命的摧毁,使事业的生命日渐枯萎,白白断送自己的前程。仅仅为薪水工作的人,很容易被动地工作,刚刚上班就盼望着下班,工作不愿意付出自己的全部力量,最终只会埋没了自己的全部才能,磨灭掉自己的创造力。

幸福有时与金钱无关

很多时候，我们忙忙碌碌地工作，不断地跳槽，争取更多挣钱的机会，我们渴望幸福，所以我们追逐金钱，但是当我拥有了很多金钱的时候，我们真的就幸福了吗？我们的内心真的就拥有了自己想要的那种幸福了吗？

里奥·罗斯顿是最胖的好莱坞影星，1936年，在英国演出时，他因心肌衰竭被送进汤普森急救中心。抢救人员用了最好的药，动用了最先进的设备，仍没能挽回他的生命。临终前，罗斯顿曾绝望地喃喃自语："你的身躯很庞大，但你的生命需要的仅仅是一颗心脏！"

罗斯顿的这句话，深深触动了在场的哈默院长，作为胸外科专家，他流下了泪。为了表达对罗斯顿的敬意，同时也为了提醒体重超常的人，他让人把罗斯顿的遗言刻在了医院的大楼上。

1983年，一位叫费迪的美国人也因心肌衰竭住进了汤普森医院。他是位石油大亨，两伊战争使他在美洲的十家公司陷入危机。为了摆脱困境，他不停地往来于欧亚美之间，最后旧病复发，不得不住进医院。他在汤普森医院包了一层楼，增设了五部电话和两部传真机。当时的《泰晤士报》是这样渲染的：汤普森——美洲的石油中心。费迪的心脏手术很成功，他在这儿住了一个月就出院了。不过他没回美国。苏格兰乡下有一栋别墅，是他10年前买下的，他在那儿住了下来。

1998年，汤普森医院百年庆典，邀请他参加。记者问他为什么卖掉自己的公司，他指了指医院大楼上罗斯顿留下的那一行金字。后来有人在费迪的一本传记中发现这么一句话："富裕和肥胖没什么两样，也不过是获得超过自己需要的东西罢了。"

费迪和罗斯顿的例子告诉我们，单纯追逐金钱的生活是不明智的。生活中能够带给我们欢乐和幸福的，除了金钱之外，还有爱心、健康、智慧等重要的东西。如果我们一心只想着追逐金钱，就会像大文豪巴尔扎克笔下的老葛朗台一样，为自己的生命套上一副重重的枷锁，终日辛劳，丝毫体会不到生活的乐趣。

我们的生活的确离不开金钱，但金钱不是生活的主角，幸福才是最重要的。只要你内心快乐，就有了幸福的资本，如果常年为工作所累，每天为金钱奔波，从不知幸福何滋何味，那么，为什么不放过自己，减轻心灵的负担呢？工作可以像恋爱一样留有回味，不必机械地不知停留；幸福生活也一样可以心无旁骛，不必奢华地张扬至尊。

幸福离不开金钱，但并不是钱越多就越幸福。人有四种：第一种人口袋里没钱，心里也没钱，他可以比较轻松地过一辈子；第二种人口袋里没钱，心里有钱，他会痛苦地过一辈子；第三种人口袋里有钱，心里也有钱，他会操劳一辈子；第四种人口袋里有钱，但是心里没钱，他可以快乐地过一辈子。换句话说，物质上的贫民，钱越少，越受金钱的奴役，精神上的贫民，钱越多，越受金钱的奴役。这就告诉我们面对金钱要有理智的心态，要学会支配金钱而不能被金钱支配，不要让自己变成金钱的仆人，因为当聚积金钱变成你的生活目的时，你就很难体会生活带给你的简单的乐趣了。

>>> 第十三章

人忙心不忙，幸福需要放慢脚步

光阴如贼，不知不觉中就偷窃了人生，于一颦一笑间渐渐地流逝，我们能做的只是紧紧地抓住岁月的尾巴，在惜春中慢慢地老去。人生并非一场没有尽头的苦旅，劳作也并非皆是苦役，就如每株草每天都在努力生长，恣意绽放生命的力量，每朵花都在尽情地微笑，这个世界因此鲜亮无比。爱其物，乐其中，用鲜活的生命雕刻时光。

不再忙、盲、茫

有一只狐狸想溜进一个葡萄园里大吃一顿,但是栅栏的空隙太小,它钻不进去。在狠狠地节食了3天后,它总算能钻进去了。但是当它大吃一顿以后,却又出不来了,只好在里面又饿了3天,才出得来。这只狐狸感慨地说:"忙来忙去,到头来还是一场空。"

许多人每天像这只小狐狸一样忙来忙去,但到底是在忙什么,而最终又得到了什么呢?研究发现,约有93%的人不清楚自己的价值观是什么,他们不知道自己忙来忙去究竟要到哪里去,如同水面上的浮萍一样,糊里糊涂地过了一生。他们的生活可以用三个字来概括——"忙、盲、茫"。

日复一日的繁忙,让我们忘了停下脚步来考虑问题,我们中的很多人都在忙着用生命去赚钱,却很少有人去规划一个值得拥有的生命。

香港一位知名的女作家说过,品味生活,在于抓住生活的空隙。一些不经意间发生的事情,往往会带来许多欢乐。生活的意义,正如一杯清茶,谁都能体会到它的清苦,可只有细细品味,才能体会到其中的香醇。

也许你会问,在竞争如此激烈的年代,哪儿有资本慢下来啊?其实不然,"慢生活"并非让你放弃自我、无所事事,它与物质的富有程度也没有多大关系,"慢生活"中的"慢"更多的是一种健康的心态,一种积极的生活态度。对我们普通人来说,每一天都是当"慢人"的好时候,只要你的策略得当,做个有品位、有资本的"慢人"绝不是什么难事,更不是什么坏事。

埃玛·盖茨博士是美国教育家、哲学家、心理学家、科学家和发明家，他一生中在各种艺术领域和科学领域中作了许多发明，有许多发现。譬如，他发现锻炼脑力和体力的方法可以培养健康的身体并促进心智的灵活。

一天，拿破仑·希尔曾带着介绍信前往盖茨博士的实验室去见他。当希尔到达时，盖茨博士的秘书告诉他说："很抱歉……这时候我不能打扰盖茨博士。"

"要过多久才能见到他呢？"希尔问。

"我不知道，恐怕要3个小时。"秘书回答。

"那么你能告诉我原因吗？"

秘书迟疑了一下然后说："他正在静坐冥想。"

希尔忍不住笑了："那是什么意思啊——静坐冥想？"

秘书笑了一下说："最好还是请盖茨博士自己来解释。我真的不知道要多久，如果你愿意等，我们很欢迎；如果你想以后再来，我可以留意，看看能不能帮您约一个时间。"

于是希尔决定留下来，而且后来他也发觉了这个等待是多么的有价值。下面是希尔所描述的情形：当盖茨博士终于走进房间里时，他的秘书给我们介绍，我开玩笑地把她所说的话告诉他，在他看过介绍信以后高兴地说："你想不想看看我静坐冥想的地方，并且了解我是怎么做的？"

于是他领我到一个隔音的房间去，这个房间里唯一的家具是一张简朴的桌子和一把椅子，桌子上放着几本白纸簿、几支铅笔，还有一个可以开关电灯的按钮。

从谈话中我慢慢得知：盖茨博士每次遇到棘手的问题时，就走到这个房间来，关上房门坐下，熄灭灯光，他就这样运用"集中注意力"的方法，要求自己的潜意识给他一个解答。等整个思路比较清晰明了时，他就会立刻抓紧时间把它记录下来。

埃玛·盖茨博士曾经把别的发明家努力过却没有成功的发明重新研究，使它们尽善尽美，因而获得了200多种专利权。

只有放慢脚步才能找到生活的美,才能在自己的生活体验中发现新的深度。

漫步在幽深的小路上,呼吸着清新的空气,透过林荫,怀着一种悠闲的心情细数阳光洒在地上碎石般的条纹,或者闭上眼睛,感受扑面而来的淡淡花香。仰天长望,几朵白云在轻轻地飘;哼一首无名的小曲,默念一首小诗。这些都会让你充分地感受到生活之美。

生活好像一盏灯,把脚步放慢一些,灯就被点着了,点亮的灯会照亮生活中原本十分平凡的瞬间。而那些太过紧张的人,永远只会被生活所累,看不到生活中最精彩动人的细节。

"慢",是生活和工作之间的一个美丽的平衡点。慢生活,以平和的心态面对生活中的各种压力和诱惑,以一种有条不紊、有张有弛的生活节奏过日子,也许你会损失金钱,但你却丰富了生命。

经营8小时内的幸福

工作永远没有做完的时候,你可以赶,但不要急,应该在忙中有序地赶工作。任何事积累到一定程度都会形成压力,心中背负着太多东西的人往往容易乱了分寸,无法静下心来理清思路,所以容易焦躁、抱怨,甚至愤怒。与其被忙不完的工作所驱使,不如在自己的能力范围之内,坦然面对,做得到的去做,做不到的不强求。积极的职场人,总是能够将手头的工作理出大小内外,轻重缓急,从而按部就班,有次序地一件一件地解决。

有一个农夫挑着一担橘子进城去卖。天色已晚,城门马上就要关了,而他还有二里地的路程。这时迎面走来一个僧人,他焦急地赶上前去问道:"小和尚,请问前面城门关了吗?"

"还没有。"僧人看了看他担中满满的橘子,问道,"你赶路进城卖橘子吗?"

"是啊,不知道还来不来得及。"

僧人说:"你如果慢慢地走,也许还来得及。"

农夫以为僧人故意和自己开玩笑,不满地嘀咕了两声,又匆忙上路了。他心中焦急,索性小跑起来,但还没跑出两步,脚下一滑,满筐橘子滚了一地。

僧人赶过来,一边帮他捡橘子,一边说:"你看,不如脚步放稳一些吧?"

农夫急于求成,一味求快,结果却恰恰相反。工作亦是如此,积极与速度并非同义词,速度与效率也往往不成正比,与其在手忙脚乱中浪费时间,不如张弛有度，井然有序地设计好每一步要踏出的距离。

对于"一万年太久，只争朝夕"的人来说，最容易犯的毛病就是"欲速则不达"。急于求成只会导致最终的失败，整个社会，大多数人都知道这个道理，而最终背道而行的人仍是大多数。无论是"白骨精"还是蚁族，都不是高速运转的现代机器，总有用不完的激情，累了充个电，明天照样精神饱满地工作。面对高压的生活，不妨放远眼光，注重积累，自然会水到渠成，实现自己的目标。

宋代陆九渊说："涓流积至沧溟水，拳石垒成泰华岑。"意思就是说，涓涓细流汇聚起来就能形成苍茫大海；拳头大的石头垒砌起来就能形成泰山和华山那样的巍巍高山。只要我们一步步勤勉努力地往前赶，就能够到达成功的彼岸。

哈伯德先生是一位著名的演讲家，常常因为生活的过度紧张而痛苦不堪。据他自己形容，每天一早他从床上跳下来，就要进入冲刺的状态，他的一天从忙碌中开始，又在忙碌中结束。因此，他经常处在一种紧张和焦虑之中。直到有一天，他学到了被他称为最伟大的一课：放慢自己的生活节奏。

有一次，他到纽约市的一所学校去演讲，有关的负责人员派人到火车站接他。演讲完之后，他们很快地送他到一家书店，因为那有个签名会，然后又送他到另一个书店，因为那里也有一个签名会。然后他们又火速送他去参加一个午宴。参加完午宴后，他又急急地被送去开一个会。开完会，他又被火速送回旅馆，等他一换好衣服，又被快速地送到一个欢迎会场。停留不到几分钟，他们再急速送他回旅馆，告诉他只有20分钟的时间可以换衣服参加晚宴。等他一换好衣服，电话铃就响了，对方说道："快，快，我们要赶快赶到会场。"他很焦急，所以很快地答道："我立刻下去。"他从房间往外冲，因为太焦急，钥匙几乎插不进钥匙孔里。仓促间，他摸摸自己，确定自己是穿好衣服的，然后冲向电梯。忽然之间，他停了下来。他喘着气问自己："我到底在干什么？这样无止境的赶场到底有何意义？太荒谬了！"

他决定要为自己活，自言自语道："我不在乎是否去吃晚饭，我不在乎是否要演讲,我不一定要去赴这个晚宴,我也不一定要去演讲。"所以他故意慢慢地走回房间,慢条斯理地打开房门的锁。他打电话给楼下等着的人说道:"如果你要去吃饭,你自己去吧!如果你愿意缓一下,我还要多一些时间才会下来,我不想再赶来赶去了。"

他脱下外套,脱下鞋子,把脚放在桌子上,就坐在那里。然后随手翻开桌上的《圣经》,以极缓慢的速度朗读起自己平时最爱读的诗篇。稍后,他合上书,跟他自己说一会儿话:"来吧,就是现在,开始过一种较慢较放松的日子。"

就这样,他静静地坐在那里祷告了足有十分钟。他永远不会忘记当他走出房间时,心中的那份平和感以及对自己的征服感。因为他克服了某件事情,控制了自己的情绪,让自己从焦虑和匆忙的枷锁中挣脱了出来。

即便是在一天中最忙碌的时间内,我们也要暂时搁下自己的工作,享受一下8小时内的时光,属于自己心灵的时间,10分钟也好,15分钟也好,让自己远离压力和焦虑,度过一段平静的时光。以一种骑士精神尽展潇洒,纵横驰骋于纷乱的生活,却保持一种美丽的心情,采一炷大漠的孤烟映照黄昏的落日,捉一轮浑圆的清月放飞自由的心灵!

休息为你赢得好状态

一位专栏作家曾这样描述过一个美国普通上班族的一天：7点铃声响起，开始起床忙碌：洗澡，穿职业套装——有些是西装、裙装，另一些是大套服，医务人员穿白色的，建筑工人穿牛仔和法兰绒T恤。吃早餐（如果有时间的话）或抓起水杯餐盒和工作包跳进汽车，接受每天被称为高峰时间的"惩罚"。从上午9点到下午5点工作——扛起额外增加的工作，不断看表，思想上和你内心的良知斗争，行动上却和你的老板保持一致。再次微笑。下午5点整，坐进车里，行驶在回家的高速公路上。与配偶、孩子或室友友好相处。吃饭，看电视。8小时天赐的大脑空白。装得忙忙碌碌，掩饰错误，微笑着接受不现实的最后期限。当"重组"或"裁员"的斧子落在别人头上时，自己则长长地松了一口气。

泰戈尔曾说过："休息与工作的关系，正如眼睑与眼睛的关系。"很多人因为想要获得事业上的成功，总是强迫自己无休止地工作。他们拒绝休假，公文包里塞满了要办的公文。如果要让他们停下来休息片刻，他们也会认为纯粹是浪费时间。这些人都成功了吗？没有，他们中很多人不但没有成功，相反，使自己身心疲惫，有的甚至疏远了亲人，造成家庭的破裂。休息和运动一样重要。如果缺乏休息，身体会积劳成疾。因此，我们把休息称为是对身体的充电。

每当电池快没电时，我们就要及时充电，如此才能确保它继续正常运作。人也一样，经过一天的持续工作之后，我们的能量需要进行补充，否则很难在第二天保持旺盛的精力。

我们要学会休息，以确保自己能有充足的精力去工作。当我们感到心力交瘁之时，可能会使自己的健康状态判断力下降，做出言行不合时宜的举动来。此时你的身体就像一只耗掉大部分电量的蓄电池，无法再如平时一般正常工作。

什么是正确的休息方法呢？一般人可能会认为，最有效的休息方法就是睡眠。许多人因为工作过度繁忙而长期失眠，对于自己的疲倦感到无能为力，但事实证明，睡眠并不是唯一的休息方式。

当一个人工作太久了，疲惫和压力就会产生，这时如果不改变一下工作的步调，很可能会造成情绪不稳定、慢性神经衰弱以及其他的毛病，这时需要调节一下。调节不一定需要休息，从脑力劳动转换去做几分钟体力劳动，从坐姿变为立姿，绕着办公室走一两圈，都可以迅速恢复精力。

另外，人类的心灵需要安静、平和的时间，以利于忘记竞争的压力，因此，不妨在自己繁忙的时间表上，安排几分钟或十几分钟静坐默想的时间，以获得内心的平静，让自己摆脱竞争的忙碌和工作的压力，退一步看看自己究竟在做什么。

当然，小睡也是一种有效的休息和恢复精力的方法。小睡与正常睡眠不矛盾，它因人而异，有时打个盹儿就能起作用。通常正常的睡眠以能恢复体力即可，不可贪睡；而白天的小睡则是一种既不多占时间又能有效地恢复体力的休息方法。

深呼吸是最简单、最方便的休息。它只需持续两分钟，你所要做的就是深吸——把空气直接送入腹部，让自己切实感到腹部随着吸入的空气而膨胀起来。

我们虽然一直在呼吸，但是由于匆忙，由于不断增强的压力，呼吸变得很浅，因此根本无法获得足够的氧气。

要想克服这种缺氧带来的副作用，你只需要如上所说，慢慢地深呼吸两分钟，每天重复三四次至五六次。

休息是为了获得更好的状态，掌握了有效休息的方法，你的工作效率也将大大提高。聪明的人，会挣钱、爱工作、更会休息。人就像计算机，无休止地运行只会死机。

生活不怕"慢慢来"

不能一味地求速成，所谓"饭未煮熟，不能妄自一开；蛋未孵成，不能妄自一啄"，人间万事都有其平衡之道，"慢慢来"是治速成之弊的重要法宝，况且慢不一定代表低效。

生命的节奏就像河流，有急有缓，既有"星垂平野阔，月涌大江流"的舒缓从容，又有"乱石穿空，惊涛拍岸，卷起千堆雪"的激烈紧迫。一张一弛，乃生活之道也。哪能一味地急迫，一味地悠忽？一味地急迫，生命就显得狭窄；一味地悠忽，生命就显得虚无。只有急缓相当，张弛有度，你才能享受到绝美风景，获得出乎意料的惊喜。

人们常说，慢工出细活，笨鸟先自飞。万物都是平衡而有序的，当你急切地想要使某件事情成功时，也许你恰恰背离了它成功的条件。许多事与物都需要时间的雕琢，才能变得更完美。一个人拿着画笔，终日画来画去，可是却从不曾用心体悟和感受所画之物的精髓，那么他永远也无法画出不朽的名作。而一个默默无名的画者，用一生的时间去感受一处风景里蕴涵的灵动，并将其神韵融入自己的唯一一幅画中。相信任何人看了这幅画，都会感动得落泪，因为后者将自己的感情和对生命的感受都融入了画里。

有一位大商人，好不容易抽出一个晚上的空闲时间邀请朋友到他家做客。整整一个晚上，他的朋友都在听他讲他的烦恼和买卖上的激烈竞争。他谈到他在新加坡和孟买的财产，谈到他所拥有的土地，还有他的橡胶林，还取出从西太平洋群岛部落民买回的珠宝让朋友欣赏。大商人说："我的朋友，我明天又要出门做生意了，等这次生意做完，我可要好好休息一下。做生意做了这么多年，我也累了，我现在最想做的事就是休息，但在我休息之前，我还要做的事就是把中国的麝香运到阿拉伯去，听说那的贵族非常喜欢中国的麝香。然后我再把波斯的地毯运到罗马，再从罗马购买一些雕塑，用船运到印度，再从印度买大批香烛运回中国。等这些做完我就真的可以休息了。"他虽然已经很疲惫，但仍滔滔不绝地向朋友宣布他的计划。他的朋友笑着说："你刚才所说的生意，要用多长时间才能做完呢？"大商人说："最快也得一两年吧！"朋友感叹道："那你目前最想做的事——休息，恐怕要等上两三年了。"

要想摆脱亚健康给我们带来的威胁，就要放慢脚步，过一种谐和的生活。很多追求成功的人都舍不得停下脚步放松自己，在他们看来，放松是对时间的严重浪费。他们以为只有永不停歇才能早一点获得成功，即使已经精疲力竭、油尽灯枯，他们依然不愿停止。这绝不是明智之举。

千万不要怕生活的节奏慢下来，要知道：做事过于焦急，生活节奏极快，总会令我们失去喘息的机会，到最后反而变得窒息。万事在急于求成的人面前，都会如疾风暴雨，令你措手不及。当我们感到疲累的时候，不如静下心来，放慢脚步，欣赏沿途风光的秀美：春花的蓬勃灿烂，夏雨的透彻猛烈，秋月的寂寥淡远，冬雪的晶莹无瑕，小溪的吟唱，蟋蟀的弹奏，鸟儿的放歌……这样令人灵魂为之震撼的美如果就此与我们擦肩而过、失之交臂，将是多么可惜的事情啊。

面对竞争日趋激烈的现代社会，有时我们需要减缓生活的步调，抚平内心的焦虑，从容不迫地面对生活和工作中的挑战。也许我们放弃了舟马，但收获了滋润的心灵；疲惫了身体，却点燃了追寻梦想的激情。在人生路上慢慢地行走着，用一颗探求的心灵，携一份悠闲淡泊的神思，看一看世间的百态，品一品人生的甜苦，听一听鸟鸣虫嘶，嗅一嗅芳草鲜花，不需作高深的评论，只需用心去感触、去领悟，我们就会发现生活是如此五彩缤纷。

生命在享受时光中提升品质

一年又一年过去，一日又一日开始，为什么每当我们回顾过往的岁月，总觉得时光如梭，过去的事恍然如昨，总觉得时间在匆匆忙忙、碌碌无为中流失，总觉得生命在不知不觉中被耗尽？

法国人文主义作家蒙田曾说过，"我认为生命值得称颂，富于乐趣，即便我自己到了垂暮之年也还是如此。我们的生命受到自然的厚赐，它是优越无比的。如果我们觉得不堪生之重压而白白虚度此生，那也只能怪我们自己。"

有一个美国商人看见墨西哥渔夫每天仅用一会儿工夫就捕获到了足够一家人生活所需的鱼，便疑惑的问："你为什么不待久一点，好多抓一些鱼？而且你一天剩下那么多时间都用来干什么呢？"

渔夫回答："我每天睡到自然醒，出海抓几条鱼，回来后跟孩子们玩一玩，再跟老婆睡个午觉，黄昏时晃到村子里喝点小酒，跟哥儿们玩玩吉他，我的日子可过得充实又忙碌呢！"

美国人不以为然，帮他出主意："我是美国哈佛大学硕士，我倒是可以帮你忙！你应该每天多花一些时间去抓鱼，到时候你就有钱去买条大一点的船。自然你就可以抓更多鱼，再买更多渔船。然后你就可以拥有一个渔船队。到时候你就不必把鱼卖给鱼贩子，而是直接卖给加工厂，然后你可以自己开一家罐头工厂。如此你就可以控制整个生产、加工处理和行销，然后你可以离开这个小渔村，搬到墨西哥城，再搬到洛杉矶，最后到纽约，在那里经营你不断扩充的企业。"

渔夫问:"这要花多少时间呢?"

美国人回答:"15到20年。"

渔夫又问:"然后呢?"

美国人大笑着说:"然后你就可以在家当皇帝啦!时机一到,你就可以宣布股票上市,把你的公司股份卖给投资大众。到时候你就发啦!你可以几亿几亿地赚!"

渔夫点点头,再问:"然后呢?"

美国人说:"到那个时候你就可以退休啦!你可以搬到海边的小渔村去住。每天睡到自然醒,出海随便抓几条鱼,跟孩子们玩一玩,黄昏时,晃到村子里喝点小酒,跟哥儿们玩玩吉他啰!"

墨西哥渔夫疑惑地说:"我现在不就是这样了吗?"

"热爱生命,享受生活"不是一种结果,而是一种时时刻刻的感受,美国哈佛大学硕士苦心策划、经营一辈子的结果就是渔夫的现在,不是很具讽刺意义吗?

从前,有个年轻的农夫和情人相约在一棵大树下见面。他性子急,很早就来了。虽然春光明媚,鲜花烂漫,但他急躁不安,无心观赏,颓丧地坐在大树下长吁短叹。

忽然他面前出现了一个小精灵。"你等得不耐烦了吧！"精灵说，"把这个纽扣缝在衣服上吧。要是遇上不想等待的时候，向右旋转一下纽扣，你想跳过多长时间都行。"

小伙子高兴得不得了，握着纽扣，轻轻地转了一下。啊！真是奇妙！情人出现在他的眼前，正含情脉脉地凝望着他呢！要是现在就举行婚礼该有多棒啊！他心里暗暗地想着。他又转了一下，隆重的婚礼、丰盛的酒席出现在他的面前；美若天仙的新娘依偎着他，乐队奏响着欢快的音乐，他深深地陶醉其中。他看着美丽的新娘，又想，如果现在只有我们俩该多好！不知不觉中纽扣又转动了一点，立刻夜阑人静……

他心中的愿望层出不穷：还要一所大房子，前面是自己的花园和果园。他转动着纽扣，还想要一大群可爱的孩子。顿时，一群活泼健康的孩子在宽敞的客厅里愉快地玩耍。他又迫不及待地将纽扣向右转了一大半。

时光如梭，还没有看到花园里开放的鲜花和果园里累累的果实，一切就被茫茫的大雪覆盖了。再看看自己，须发皆白，早已经老态龙钟了。

他懊悔不已：我情愿一步步走完一生，也不要这样匆匆而过，还是让我耐心等待吧！扣子猛地向左转动了，他又在那棵大树下等着可爱的情人。他的焦躁烟消云散了，心平气和地看着蔚蓝的天空。原来，人生不能跳跃着前行，耐心等待才能让生命的历程充满乐趣。

世间万物都有着轮回，生生不息，然而循环过的，就已经不再是原本的，在这漫长而短暂的时光里，我们无法延长生命的长度，但可以选择最好的生活。

每个人的一生就是一部历史，应该好好享受每一个过程，而不要急不可耐地将它翻到最后一页。活在世上的真正意义就是：享受生命中的快乐和祥和。

静心过滤浮躁，留守豁达

心静则万物莫不自得，心动则万物皆来讨扰，如何能达到动静如一的境界，关键就在我们的心是否能去除妄想。抛却心中的"妄念"，能够于利不趋，于色不近，于失不馁，于得不骄，进入宁静致远的人生境界。

心静可以沉淀出生活中许多纷杂的浮躁，过滤出浅薄、粗率等人性的杂质，可以避免许多鲁莽、无聊、荒谬的事情发生，不轻易起心动念，如此才能达到"心静则万物莫不自得"的境界。

人生不必太急功近利，不如将心跳放缓，随青山绿水而舞，见鱼跃鸢飞而动。水流任急境常静，花落虽频意自闲。

约翰是一家大型航空公司的经理。一次偶然的邂逅让他学会了一种"坐在阳光下"的艺术，这让他第一次能够在忙碌的生活中找回宁静的心境。下面是他对这段宝贵体验的回顾：

在一个二月的早晨，我正匆匆忙忙走在加利福尼亚州一家旅馆的长廊上，手上满抱着刚从公司总部转来的信件。我是来加利福尼亚州度寒假的，但是仍无法逃脱我的工作，还是得一早处理信件。当我快步走过去，准备花两个小时来处理我的信件时，一位久违的朋友坐在摇椅上，帽子盖住他部分眼睛，把我从匆忙中叫住，用他缓慢而愉悦的南方腔说道："你要赶到哪儿去啊，约翰？在这样美好的阳光下，那样赶来赶去是不行的。过来这里，好好'嵌'在摇椅里，和我一起练习一项最伟大的艺术。"

这话听得我一头雾水，问道："和你一起练习一项最伟大的艺术？"

"对，"他答道："一项逐渐没落的艺术。现在已经很少有人知道怎么做了。"

"噢,"我问道:"请你告诉我那是什么。我没有看到你在练习什么艺术啊!"

"有噢!我有。"他说道,"我正在练习'只是坐在阳光下'的艺术。坐在这里,让阳光洒在你的脸上。感觉很温暖,闻起来很舒服。你会觉得内心很平静。你曾经想过太阳吗?"

"太阳从来不会匆匆忙忙,不会太兴奋,它只是缓慢地恪尽职守,也不会发出嘈杂声——不按任何钮,不接任何电话,不摇任何铃,只是一直洒下阳光,而太阳在一刹那间所做的工作比你加上我一辈子所做的事还要多。想想看它做了什么。它使花儿开,使大树长,使地球暖,使果蔬旺,使五谷熟;它还蒸发了水,然后再让它回到地球上来,它还使你觉得有'平静感'。我发现当我坐在阳光下,让太阳在我身上起作用时,它洒在我身上的光线给了我能量。这是对我花时间坐在阳光下的赏赐。"

"所以请你把那些信件都丢到角落去,"他说道,"跟我一起坐到这里来。"

我照做了。当我后来回到房间去处理那些信件时,我几乎一下子就完成了工作。这使得我还留有大部分的时间来作度假的活动,也可以常"坐在阳光下"放松自己。

生活中,有千千万万个像这位职员一样忙于工作而无暇自顾的人。在这种时候,我们就应该考虑是否该独处一段时间了。我们可以找一个时间让自己静一静,把宁静从自己的心中重新找回来,每天花点时间进行静思。这种练习能使你的精神活动放慢。一旦你放松紧绷的神经,你的外在生活自然也就慢下来了。如果你的外在生活被塞得满满的,如果你习惯于寻求外在的成就感,就很难使用这种方法。

内心的平静是珍宝,它和智慧一样珍贵,比黄金更令人垂涎。拥有一颗宁静之心,比那些汲汲于赚钱谋生的人更能够体验生命的真谛。

如今,越来越多的人开始学习追求内心的平静。冥想和静思已经成为一种时尚。人们通过各种沉思冥想训练自己，让心神放松，不被焦虑所困。

唯有拥有宁静的心灵，才不眼热显赫权势，不奢望成堆的金银，不乞求声名鹊起，不羡慕美宅华第，因为所有的眼热、奢望、乞求和羡慕，都是一相情愿，只能加重生命的负荷，加速心灵的浮躁，而与豁达康乐无缘。

生活鼓励"开小差"

曾经有一位医生替一位成就卓越的实业家看病，劝他多多休息。实业家恼火地抗议："我每天承担巨大的工作压力，没有一个人可以分担一丁点儿的业务，大夫，你知道吗？我每天都得提着一个沉重的手提包回家，里面装的是满满的文件呀！"

"回家就该休息了呀！为什么晚上还要批那么多文件呢？"医生很奇怪地问道。

"那些都是当天必须处理的急件。"实业家不耐烦地回答。

"难道没有人可以帮你忙吗？你的助手、副总呢？"

"不行啊！这些只有我才能正确地批示呀！而且我还必须尽快处理，要不然公司怎么办？"实业家摆出一副不屑的样子。

"这样吧，我现在给你开个处方，你能否照办？"医生没有理会实业家，似乎心里已经有了决定。

实业家接过处方——"每个星期抽空到墓地走一趟，每天悠闲地散步两小时。"

"每个星期抽空到墓地走一趟？这是什么意思？"实业家看到处方很是惊讶。

"我知道你看了处方会很惊讶，"医生不慌不忙地回答，"我希望你到墓地走一趟，看看那些已经与世长辞的人的墓碑，他们中有许多人生前与你一样，甚至事业做得比你更大，他们中也有许多人跟你现在一样，什么事都放心不下，如今他们全都长眠于黄土之中，然而整个地球的转动还是永恒不变的。谁离开这个世界地球都照样转。我建议你每个星期站在墓碑前好好想想这些摆在你面前的事实，也许会得到一些启示。"

听到这里，实业家安静了下来，悄悄与医生道别。他按照医生的指示，放缓生活的步调，试着慢慢转移一部分权力和职责，一年后，让他想不到的事发生了——这一年企业业绩反倒比以往任何一年都好。

没有什么事值得你牺牲健康去换取，地球离开谁都会转动，但离开健康，你的生命质量就会下降。这位医生所开的处方很特别，却十分有效。到墓地去走走，看看无论怎样叱咤风云的人物最终都要宁静地长眠于地下，受到这样的震撼，实业家终于改变了对自己健康的态度。

在忙碌的生活中，人们可以停下匆忙的脚步，开个小差，看看路旁的景物，听听黄昏的音乐会，逛逛夜晚的小吃街，让生活更有滋味，让幸福更加深刻，这不是很好的安排吗？

有一天，释迦牟尼要进行一次长途的跋涉，他因为急于到达目的地，便无视路程的遥远艰苦，只是努力地赶路。长途漫漫，释迦牟尼累得精疲力竭，终于，眼看就要到达自己想去的地方了，释迦牟尼松了口气。就在他心情放轻松的同时，他感觉到自己的脚下有一颗小石子磨得双脚很不舒服。那颗石子很小，小到让人根本不觉得它的存在。

其实，在释迦牟尼刚开始赶路不久时，他就已经清楚地感觉到那颗小石子在鞋子里，不断地刺痛着脚底，让他觉得不舒服。

然而，释迦牟尼一心忙着赶路，也不想浪费时间脱下鞋子，索性便把那颗小石子当做是一种修行，不去理会。

直到这时，他才停下急切的脚步，心想着：既然目的地已经快要抵达了，而又还有一些余暇，干脆就在山路上把鞋子脱下来，把脚下的小石子从鞋子里倒出来，让自己轻松一下吧！

就在释迦牟尼低头弯腰准备脱鞋的时候，他的眼睛不自觉地瞄向沿路的水光山色，竟然发现它是如此的美丽。当下，他领悟了一个重要的道理：自己这一路走来，如此匆忙，心思意念竟然只专注在目的地上，甚至完全没有发现四周景色的优美。

释迦牟尼把鞋子脱下，然后将那颗小石子拿在手中，不禁赞叹着说："小石子啊！真想不到，这一路走来，你不断地刺痛我的脚掌心，原来是要提醒我，慢点儿走，注意生命中的一切美好事物啊！"

人要学会悠闲地生活，什么事都得拿得起、放得下，没有你，地球仍然会旋转，没必要把自己搞得很紧张，凡事都自己扛。虽说正常的压力可以让你保持奋发的精神，不断刺激你，让你在高效率之下创造性地工作，但如果能够学会控制压力，或许还会有意想不到的更好效果。

>>> 第十四章

活在当下,延长你的幸福

一扇小小的窗户,可以射进阳光;一颗小小的星星,可以照亮夜空;一个小小的花朵,可以满室芬芳;一件小小的善行,可以扭转命运;一丝小小的微笑,可以传达情意;一句小小的慰言,可以安慰苦难。那小小的,可以聚少成多,彰显奇迹,也可以温暖你当下的生活。

希望是主旋律，逆境只是插曲

都市人们的生活犹如行船航行在广袤无垠的大海上，表面上波澜不惊，暗地里潮流涌动，潜藏着无数的坎坷和逆境。面对逆境，不同的人有着不同的观点和态度。对软弱者而言，逆境是生存的炼狱，是前途的深渊；对坚强的人而言，逆境是人生的良师，是前进的阶梯。逆境如霜雪，它既可以凋叶摧草，也可使菊香梅艳；逆境似激流，它既可以使人殒命，也能够济舟远航。逆境具有双重性，就看人怎样正确地去认识和把握。

当今生活中，有些人一遇挫折就灰心丧气、意志消沉，甚至用死来躲避厄运的打击。有没考上研的大学生跳楼自杀，有学富五车的教授因为遭到同事排挤服毒自尽，也有功成名就的电视工作者不堪舆论压力而自杀……太多太多的人轻易结束了自己年轻的生命，留下亲人的悲痛和世人的歇歔。说到底这是软弱者的体现，生比死更需要勇气，死只需要一时的勇气，生则需要一世的勇气。

每个人的一生中都可能有消沉的时候，居里夫人曾两次想过自杀，奥斯特洛夫斯基也曾用手枪对准过自己的脑袋，但他们最终都以顽强的意志面对生活，并获得了巨大的成功。可见，一时的消沉并不可怕，可怕的是在消沉中不能自拔。要是我们能在任何时候都心存希望，无疑生活最终会为我们开启另一扇门。

斯坦利·库尼茨是一位瑞典医生，同时他又是一位非常狂热的沙漠探险者。年轻的时候，他曾试图穿越非洲撒哈拉大沙漠。这一次，他与死神"亲密接触"，差一点葬身沙漠：一场铺天盖地的风暴，使他变得一无所有，向导不见了，满载着水和食物的驼群消失了，连那瓶已经开启的准备为自己庆祝三十六岁生日的香槟也洒得一干二净，死亡的恐惧从四面八方涌向他。

然而死神还是对他"留情"了，在绝望的瞬间，斯坦利把手伸向自己的口袋，意外地摸到了一个苹果，这个苹果使斯坦利从绝望中清醒，他庆幸自己竟然还有一个苹果。

几天后，已经昏迷奄奄一息的斯坦利被当地的土著人救起，令人迷惑不解的是，昏迷不醒的斯坦利紧紧地攥着一个完整但却干瘪的苹果，而且攥得非常紧，以至于谁也无法从他手中将苹果拿走。

20世纪初，这位一生都充满传奇色彩的老人去世了，弥留之际，他为自己写了这样一句墓志铭：我还有一个苹果。

很多时候，在我们人生的道路上，面对困难和挫折，我们能够咬着牙坚持着熬过最漫长最艰难的时刻；可当成功要与我们伸手相握的时候，却因为我们最终的放弃，便与之擦肩而过了。

生活中，逆境多于顺境，这是一种人生规律。就像航行的帆船，需要接受惊涛骇浪的考验，有波折的生活才富有创造的魅力。从逆境中寻找希望，你会发现另一片天空。

给自己一个希望，我们将活得激情四射，哪里还有时间去叹息、去悲哀，将生命浪费在一些无聊的小事上？生命是有限的，但希望是无限的，只要我们不忘每天给自己一个希望，我们就能够拥有丰富多彩的人生。

只要有希望，人生就不会贫乏。苦难能毁掉弱者，同样也能造就强者。如果我们能在任何时候都不放弃对于生活的希望，就能最终等到转机来临的那一天。

每一天都是一个好日子

美国女作家海伦·凯勒有一篇著名的文章《假如给我三天光明》，她以一个残疾人特有的艺术感觉，描述了一个残疾人对生命、对健康特有的感悟。书中并没有向我们展示命运的多舛，却让我们更多地感受到了作者的热切、坦诚和真挚。在与残疾的斗争中，她表现出了坚强不屈和积极乐观的精神，在朴素甚至接近家常的话语中，她流露出了对世人强烈的爱和热切的希望，让我们深刻体会到生命的珍贵。其实，此刻就是上天赐予我们的最好的礼物。要珍惜当下，就要把每一天当成最好的日子。

把我们的每一天当成最好的日子。我们只有一次生命，生命只不过是一段时间而已。如果你浪费了今天，我们就是毁坏了生命的基石，所以，我们要珍爱每一天的每一个小时，因为它永远不会再回来。我们要用双手抓紧这一天的每一秒钟，并用爱心抚摸，因为它的价值是任何财富都买不到的。垂死的人虽然愿意献出他的全部财产，但也无法换回生命。我们能出多少价钱去买时间？所以，我们要把生命当成无价之宝。

把我们的每一天都当成最好的日子。浪费时间就是在扼杀生命，所以，我们都会憎恨那些浪费时间的行为，并发誓要摧毁拖延的毛病。我们以真诚埋葬怀疑，用信心驱赶恐惧，不听闲话，不游手好闲，不与不务正业的人来往。我们终究会醒悟，若是懒惰，无异于从我们所爱之人手中窃取食物和衣裳。我们不是贼，我们有爱心，今天是我们最后的机会，我们要证明我们的爱心和伟大。

把我们的每一天都当成最好的日子。今天我们要抚爱我们的孩子，趁他们是少年的时候，今天我们应该用甜蜜的亲吻拥抱我们爱人，今天我们要帮助一位患难中的朋友，今天我们要致力于奉献和工作。

把每一天都当成最好的日子。使每一小时都不错过，也要使每一分钟只换取有价值的东西；比以往更努力劳动，直到肌肉发痛，也要做下去，我们要让今天的每一分钟，比昨天的每一个小时都有更多的收获。

充分利用"现实"，生活于"现实"之中，不要把精力浪费于对过去的错误与失败的追悔，也不要浪费时间于对未来的梦幻之中。一个"现实"中的人要比那些只会瞻前顾后的人有用得多，他的生活也会更成功、更完美。

所以在一月时，我们千万不要因幻想二月而丧失了一月可能得到的一切。不要因为我们对于下一月、下一年有所计划、憧憬，而去虚度、糟蹋这一月、这一年！不要因为目光注视天上的星星而看不见我们周围的美景，甚至践踏我们脚下的玫瑰花朵！

今天是我们生命中的最好的日子。我们不应该常常生活于预期与幻想的世界中，幻想过度，会使生活趋于枯燥、乏味。过度幻想会使我们对现在的地位与工作不感兴趣，甚至产生厌恶，它会削弱人们享受"现在"的能力。

幸福的人往往把今天看做生命中最好的日子，从而在每一个今天里让生命更充实、更完美。

快乐只是一种选择

哈佛大学教授威廉斯说:"情感似乎指引着行动,但事实上,行动与情感是可以互相指引、互相合作的。快乐并非来自外力,而是来自内心,因此,当你不快乐的时候,你可以挺起胸膛,强迫自己快乐起来。"

一位著名的电视节目主持人,邀请了一位老人做他的节目特邀嘉宾。这位老人的确不同凡响。他讲话的内容完全是即兴发挥的,当然绝对没有预演过。他的话把他映衬得魅力四射,不管他什么时候说什么话,听起来总是特别贴切,毫不做作,观众听着他幽默诙谐的话语都笑弯了腰。主持人也显然对这位幸福快乐的老人印象极佳,像观众一样享受着老人带来的快乐。

最后,主持人禁不住问这位老人:"您这么快乐,一定有什么特别的快乐秘诀吧!"

"没有,"老人回答道,"我没有什么了不起的秘诀。我快乐的原因非常简单,每天当我起床的时候我有两个选择——快乐和不快乐,不管快乐与否,时间仍然会不停地流逝,我当然会选择快乐。如果要秘诀的话,这就是我快乐的秘诀。"

老人的解释听起来似乎过于简单,但是他的话包含着深刻的道理。你可以不快乐,如果你想要不快乐。你可以告诉自己所有的都不顺心,没有什么是令人满意的,这样,你肯定不快乐。如果你要快乐,尽管告诉自己:"一切都进展顺利,生活过得很好,我选择快乐。"那么可以确定的是,你的选择会变成现实。

"即使到了我生命的最后一天,我也要像太阳一样,总是面对着事物光明的一面。"诗人胡德说。

快乐是种子,它能生出更多的快乐。生活里有着许许多多美好的事物和快乐,关键在于我们能不能发现,而要发现它们,关键在自己。

生活快乐与否在于人的心态,当你以乐观积极的心态生活时,生活也就充满笑声,当你不断抱怨生活时,生活也就如你感觉到的那样糟糕。是追求宁静祥和、充满温馨的生活,还是陷入埋怨不断、愁眉苦脸的生活中,就要看你的选择了。

真正的快乐是发自内心的,你不需要戴着灿烂的笑容面具,就已显得容光焕发。找到快乐唯一要做的就是摒弃你心中的忧虑、欲望、抱怨和仇恨。

小军拿着刚买的一支牛奶冰激凌,一边走一边吃,感到十分快乐。忽然一不小心,整支冰激凌掉在了地上,和泥沙混在一起。

小军愣愣地待在那里,一句话也说不出来,只是睁大了眼睛看着地上的冰激凌。

这时,有个老太太走过来,对小军说:"好吧,既然你碰到这样坏的遭遇,脱下鞋子,我给你看一件有意思的事情!"

老太太说:"用脚踩冰激凌,重重地踩,看冰激凌从你脚趾缝隙中冒出来。"小军照着她的话去做。

老太太高兴地笑:"我敢打赌,这里没有一个孩子尝过脚踩冰激凌的滋味!现在跑回家去,把这有趣的经验告诉你妈妈。"

接着,老太太说:"要记住!不管遭遇什么,你总可以在其中找到乐趣!"

这件事,使小军很受启发,他很快接受了这种心态。

不久后的一天午后,一场大雨在地面上形成一洼洼的小水坑。小军的妈妈带着他,小心翼翼地避开人行道上的积水。不料,一辆计程车从身边疾驶而过,将两人的身上溅满了水。

小军的母亲很生气,旁边的小军却兴奋地对妈妈说:"遇水则发,我们要发了。"

正在生气的母亲听到这样可爱的童言稚语，也不禁莞尔一笑，两人快快乐乐地踩着积水回家了。

每件事都含有快乐的因子，不要将注意力放在不令人满意的黑暗面，试着用一颗快乐的心寻找，就会发现那躲在角落的快乐点。这颗快乐的心其实是认知万物的一种积极的心态，一种对待万物的热情。快乐是幸福的必需品。你选择快乐，快乐就会选择你。

心态是一种神奇的力

"君不见，黄河之水天上来，奔流到海不复回。君不见，高堂明镜悲白发，朝如青丝暮成雪。"伟大诗人李白这样感慨时间的有限以及生命的易逝。百年不过为一梦，这一梦，就需要自己好好去设计。既然生命那么有限，我们更不能浪费时间去哀叹这种短暂了，而要用一种积极的心态去面对眼前的生活。

积极的心态能让天堑变通途，腐朽化神奇，能在任何时候享受到花的温馨、阳光的温暖，能帮助人们成就事业。美国心理学家杰弗·戴维森认为："积极的心态源于对工作和学习的乐观精神，凡事不要想得太悲观、太绝望，否则你眼中的世界将是一片灰暗、一片混沌，工作起来自然也就打不起精神。"

两个年轻人结伴去某地淘金，一下火车就感受到这里与其他城市之间的巨大差异，水这日常生活中必不可少的物质，得花许多钱买。于是两个人的反应截然不同，一位十分沮丧，"完了，这鬼地方连水都要这么多钱买，看样子是难以立足了"；而另一位则十分高兴，"太好了，连水都能赚钱，这里的钱一定很好赚。"到后来，前者沦为乞丐，后者变为富翁。

看待同样的事情，两种心态产生了两种截然不同的后果。就像有两个人从铁窗朝上望去，一个人看到的是满地泥泞，另一个人看到的却是满天繁星。成功无处不在，只有怀着一种积极乐观的态度，才能收获成功。积极与不积极，决定着成功与失败。人们不管做什么事情，都要保持一个好心态，有什么样的心态，就会导致相应结果的产生。行走在生命中的此刻，你不愿意生活没有激情，也不愿意经历失败吧？随时保持一种积极的心态，是很有必要的。

1939年，德国军队占领了波兰首都华沙，此时，卡亚和他的女友迪娜正在筹办婚礼。卡亚做梦都没想到，他和其他犹太人一样，在光天化日之下被纳粹推上卡车运走，关进了集中营。卡亚陷入了极度的恐惧和悲伤之中，在不断的摧残和折磨中，他的情绪极其不稳定，精神遭受着痛苦的煎熬。一同被关押的一位犹太老人对他说："孩子，你只有活下去，才能与你的未婚妻团聚。记住，要活下去。"卡亚冷静下来，他下定决心，无论日子多么艰难，一定要保持积极的心态。

所有被关在集中营的犹太人，他们每天的食物只有一块面包和一碗汤。许多人在饥饿和严酷刑罚的双重折磨下精神失常，有的甚至被折磨致死。卡亚努力控制和调适着自己的情绪，把恐惧、愤怒、悲观、屈辱等抛之脑后，虽然他的身体骨瘦如柴，但精神状态却很好。

5年后，集中营里的人数由原来的4 000人减少到不足400人。纳粹将剩余的犹太人用脚镣铁链连成一长串，在冰天雪地的隆冬季节，将他们赶往另一个集中营。许多人忍受不了长期的劳累和饥饿，最后死于茫茫雪原之上。在这人间炼狱中，卡亚奇迹般地活下来。他不断地鼓舞自己，靠着坚韧的意志力，维持着衰弱的生命。

1945年，盟军攻克了集中营，解救了这些饱经苦难、劫后余生的犹太人。卡亚活着离开了集中营,而那位给他忠告的老人,却没有熬到这一天。若干年后,卡亚把他在集中营的经历写成一本书。他在前言中写道:"如果没有那位老者的忠告,如果放任恐惧、悲伤、绝望的情绪在我的心间弥漫,很难想象,我还能活着出来。"是卡亚自己救了自己,是他用积极乐观的情绪救了自己。

不管怎么样,死也要活着,这似乎是一种悖论,死了还怎么活着呢?这其实说的是一种向死而生的生活态度。根本是我一定要活下去,只要活着,就不会让任何人把我打垮,卡亚正是凭着这样一种积极的心态才在存活率微忽极微的情况下挺了过来,这不是运气好,而是积极的想要生存下去的意志在起作用。如果我们想获得幸福与美满,或者事业的成功与辉煌,不再成为阴霾的奴隶,那么我们就要让心态永远靠近阳光,积极第一。

只有那些躺在坑里、从不仰望高处的人,才会没有出头之日。谁也不愿意做井底之蛙,眼睛里只有井口般大的天空,都说思想有多远,就能走多远,其实也可以说,心有多宽,梦就多大。拥有积极的心态,你的生活就会充满阳光,你会发现,任何挫折和困难都不是问题,因为自己的乐观,让自己不再胆怯和退缩,永远昂首阔步。

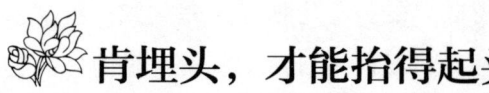 肯埋头，才能抬得起头

每个人都会有一段蛰伏的经历，在为成功而默默奋斗。这个时期，你需要的不是浮躁和怨天尤人，而是耐心地做好你目前要做的事。

每个夏天，我们都能听到在高树繁叶之中蝉的清脆鸣叫。它们有透明的羽翼，在风中鸣叫得很让人惬意。其实，这些蝉一生中绝大部分岁月是在土中度过的，只是到生命的最后两三个月才破土而出。

人的生命历程其实也是如此，每一个希冀成功的人，也必须有长时间蛰伏地下的经历，好好磨炼自己，好好培养自己。

在一个学习班里，同学们讨论的主题是：一个人应当如何把他的热情投入工作中。这时，一位年轻的妇女在教室后面举起手，她站起来说道：

"我是和我的丈夫一起到这里来的。我想，如果一个男人把全部热情投入工作中也许是对的，但是对于一个家庭主妇来说却没有益处。你们男人每天都有有趣的新任务要做，但是家务劳动却是那么单调乏味，令人厌烦。"

教师问她什么东西使得她的工作如此的"单调乏味"。她回答说："我刚刚铺好床，床就马上被弄乱了，刚刚洗好碗碟，碗碟就马上被用脏了；刚刚擦净了地板，地板就马上被弄得泥污一片。"她说："你刚刚把这些事做好，这些事马上就会被人弄得像是未曾做过一样。"

教师说："这真是令人扫兴。有没有妇女喜欢家务劳动的？"少妇说："啊，有的，我想是有的。""那她们在家务劳动中有没有发现使她们感到有趣、保持热情的东西呢？"教授问。

少妇思考了片刻回答道："也许在于她们的态度。她们似乎并不认为她

们的工作是禁锢,而似乎看见了超越日常工作的什么东西。"

这就是问题的症结。保持工作热情的秘密之一就是能"看到超越日常工作的东西",要知道你的工作是会取得成果的。无论你是家庭主妇、秘书、加油站的操作员,或者大公司的总经理,只要你把日常琐事看做是前进的踏脚石,你就会从中找到令人满意的地方。

作为一名尚未成功的"蛰伏者",你必须调整好自己的心态,要活在当下,在日常工作中"看到超越日常工作的东西",耐心地做好你现在要做的事,脚踏实地前进。终有一天,成功会降临到你头上。

俗话说:"心急吃不了热豆腐。"谁都明白饭要一口一口地吃,任何人都不可能"一步到位",只有一步一个脚印地走下去,才能取得成功。人生中的每一步对于实现成功目标来说都很重要,任何事情的发展都需要一个逐步提升的阶段性过程,任何宏伟目标的实现都需要一个逐步积累的时期。尽心尽力、踏踏实实地工作,就能实现梦想。

现在的社会是一个多元化持续发展的社会,各种生存机遇的增多使人们的内心焦躁不安,于是活在当下的人们很容易好高骛远,贪多求大,总想在事业起步时就能站在高起点上。年轻人,特别是拥有高学历的年轻人,很少有从基层干起的想法和打算。这样做的结果,往往是适得其反,大多数时候难以如愿以偿。

由于对未来的期望值过高,要求太多,所以更容易遭到别人的拒绝和排斥,从而丧失了很多宝贵的成长机会。实际上,敢于放弃从高层就业的打算而从低层干起,才能使自己拥有更多的机会,并能更加充分地展现自己的才华和能力,更容易使自己快速脱颖而出。

没有宁静的心，到哪里都是流浪汉

生活中的每一次沧海桑田，每一次悲欢离合，都需要我们用心慢慢地体会、感悟。如果我们的心是暖的，那么在自己眼前出现的一切都是灿烂的阳光、晶莹的露珠、五彩缤纷的落英和随风飘散的白云，一切都变得那么惬意和甜美，无论生活有多么的清苦和艰辛，都会感受到身处天堂般的快乐。心若冷了，再炽热的阳光也无法给这个世界带来一丝的温暖，我们的眼中也充斥着无边的黑暗，冰封的雪谷，残花败絮般的凄凉。所以，要经常跟自己的心灵对话，了解自己的内心处于怎样的状态，并尝试从心灵的舒展开合中获取力量。

崛多禅师游历到太原定襄县历村，看见神秀大师的弟子结草为庵，独自坐禅。

禅师问："你在干什么呢？"

僧人回答："探寻清静。"

禅师问："你是什么人？清静又为何物呢？"

僧人起立礼拜，问："这话是什么意思？请你指点。"

禅师问："何不探寻自己的内心，何不让自己的内心清静？否则，让谁来给你清静呢？"僧人听后，当即领悟了其中的禅理：一个人无论处于什么地位，过哪种生活，只要他内心清净、安谧就可以过得幸福。

从来没有什么东西能够束缚住我们的心灵，除了我们自己。与其在自我束缚中苦苦寻求心灵和道德的出路，莫不如给心灵松绑，在自由之中得到自己的快乐，与他人分享快乐，这才会更加接近幸福。把贪图财富看做正确行为的人，不会让他人获得利禄；把追求显赫看做正确行为的人，不会与他人分享美好的声誉；迷恋权势的人，不会授人权柄。掌握了利禄、名声和权势，便唯恐丧失而整日战栗不安，而放弃上述东西又会悲苦不堪，而且心中没有一点宁静之感，目光只盯住自己所无休止追逐的东西，不肯与他人分享，这样的人只能算是被大自然所摒弃的人，但如果不因为高官厚禄而喜不自禁，不因为前途无望、穷困贫乏而随波逐流、趋势媚俗，荣辱面前一样达观，那也就无所谓忧愁。心中常有宁静之地，才能获得幸福。

　　北大著名"未名湖畔三雅士"之一的张中行先生青年时有着强烈的求知欲望，他无休止地探寻：生命有意义吗？如何生存才是合理的？什么是"存在"？"存在"是顺从意志的必然，还是顺应天运的必然？张先生最后求证的结论就是保持心灵的宁静，即使有人批评他，他也只是沉默，他说："其一，过去的事，在心里转转无妨，翻来覆去地去说就没有意思了。其二，我没有兴趣，也不愿意为爱听张家长、李家短的闲人供应茶余饭后的谈资。其三，最重要的，是人生实不易，不如意事十常八九，老了，余年无几，幸而尚有一点点忆昔的力量，还是想想那十之一二为是。"

　　儿时的我们，玩耍在原野里、荷塘边、甚至在放学的小路上，留下一路的欢笑。春天随着彩蝶奔跑，夏天追赶麦浪的馨香，秋天在玉米地里捉迷藏，冬天用僵红的小手打雪仗，四季里都带着自然的味道，心情快乐而平静。而今，我们行色匆匆地在踩不出印记的柏油马路间穿梭，偶尔的朋友聚会也选择了迷醉的酒吧和狂躁的歌厅，心情也是浮躁不安的。喧嚣着的不一定是最闪亮的星，沉静的恒星往往安静地散发着光芒。我们警醒着自己要与自然和谐相处时，却忘记了自身的和谐，只有保持一颗宁静的心，我们才能真正获得幸福。

珍视每一分钟，便多了一分美好

有个创意家，一直给人成天悠闲无事的感觉，但他的收入并不少。记者问他是怎么做到的，他说："做时间的主人，别让时间做你的主人。"

这句话的意思是说，你可以决定什么时间做什么事，而不是让时间来决定你应该做什么事。时间对他而言只是桥梁，通过它，可以找到更合适的生活方式，而不仅仅是谋取财富。在他看来，时间还有更重要的使命："有时间的人是活人，没有时间的人是死人。"

1904年，正当年轻的爱因斯坦潜心于研究的时候，他的儿子出生了。于是，在家里，他常常左手抱儿子，右手进行运算。在街上，他也是一边推着婴儿车，一边思考着他的研究课题。妻儿熟睡了，他还在屋外点灯撰写论文。爱因斯坦就这样抓住每一个今天，通过一点一滴积累，在一年中完成了四篇重要的论文，引领了物理学领域的一场革命。

钟表王国瑞士博物馆里的一些古钟上，都刻着这样一句话："如果你跟得上时间步伐，你就不会默默无闻。"要想不荒废岁月，干出一番事业，就要克服拖拉，珍视今天。拖拉者的一个悲剧是，一方面梦想仙境中的玫瑰园出现，另一方面又忽略窗外盛开的玫瑰。昨天已成为历史，明天仅是幻想，现实的玫瑰就是今天。珍惜生命，珍视"今天"，不放弃每天的努力，是成功者们共同信奉的信条。

英国首相丘吉尔平均每天工作17个小时，还使得10个秘书也整日忙得团团转。为了提高政府机构的工作效率，他在行动迟缓的官员的手杖上，都贴上了"即日行动"的签条。

"明日复明日，明日何其多。我生待明日，万事成蹉跎。"今天，如果你珍视每1分钟，你的生活又会是怎样呢？

多读1分钟：书太多了，人的时间太少了，多浪费1分钟，少阅读一本书。经常省下零零星星的1分钟，拿出一本喜欢又被遗忘很久的书来阅读。多读1分钟，你会感到很惬意。

多玩1分钟：人生倏忽一百年，少得可怜。每天多留1分钟，看一看山水，看一看大海和天空，看一看星星和月亮，就能把人生演绎得美妙多情些。

多陪孩子1分钟：孩子才是人生里最重要的资产之一，多1分钟赚钱，便少1分钟与孩子相处的机会。与孩子相处，你可以返璞归真，拥有童稚之心，变得无忧和快乐。

多陪爱人1分钟：爱人不是拌嘴的对象，她是六十亿分之一的缘分与修得五百年福分的集合，在终老之前多陪她1分钟。一个1分钟很少，一百个1分钟也不多，但是千千万万个1分钟，可就不少了。每天预留1分钟给爱人，人生便多了许多1分钟的美好。

立足当下，才能发现未知的幸福

有一天，富人碰到穷人，问："你知道什么是幸福吗？"

穷人对自己的生活很知足，回答说："我现在的生活就很幸福。"

富人不以为然，看着穷人漏风的茅舍、破旧的衣着，说："我的生活才是真正的幸福生活，豪宅百间，奴仆千名，锦衣玉食，荣华富贵，你现在的生活穷困潦倒，怎能称为幸福呢？"

谁知好景不长，一场大火把富人的百间豪宅烧得片瓦不留，奴仆们各奔东西，一夜之间，富人沦为乞丐。他路过穷人的茅舍，想讨口水喝。穷人端来一大碗清凉的水，问："你现在认为什么是幸福？"

富人眼巴巴地说："幸福就是口渴时有水喝。"

幸福之所以为幸福，就在于它的多样性和普遍性。有句话这样讲："幸福的人基本相同，不幸的人各有各的不幸。"这就是在说，幸福感对于每个人来讲有着一定的普适性，亦即当我们面临幸福的时候，那种心底的愉悦感和满足感基本相同，但是能让每个人感到幸福的事情却是千差万别的，幸福是一种刚刚好的感觉，是一种心底的自我满足。在幸福感的笼罩下，人们闲适惬意，能够平静地对待生活，远离焦虑、烦躁和喧嚣。每个人追求的幸福境界都是他们心底的迫切渴求。

幸福对每个人的定义都有所不同，甚至对一个人来讲，在他人生的不同阶段，幸福的定义也是不相同的，但是幸福有着最根本的含义，那就是知足。知足的人，不贪心、不攫取，能够好好经营自己的生活，因此，当他们一个小目标实现时，当迫切的渴望得到实现时，他们会感到幸福。幸福更多的是个体对于自身精神状态的自我感知。幸福与金钱、财富、地位无关，与幸福紧紧相连的，是每个人的内心。

上帝把一捧快乐的种子交给幸福之神，让她到人间去撒播。

临行前，上帝仍不放心地问："你准备把它们撒在什么地方呢？"

幸福之神胸有成竹地回答说："我已经想好了，我准备把这些种子放在最深的海底，让那些寻找快乐的人，经过惊涛骇浪的考验后，才能找到它。"

上帝听了，微笑着摇了摇头。

幸福之神思考了一会儿，继续说："那我就把它们藏在高山之上吧，让寻找快乐的人，通过艰难跋涉才能发现它的存在。"

上帝听了之后，还是摇了摇头。

幸福之神茫然无措了。

上帝意味深长地说："你选择的这两个地方都不难找到。你应该把快乐的种子撒在每个人的心底。因为，人类最难到达的地方，就是他们自己的心灵。"

人们追求的幸福应该不只是一种功利的目标追求，而是要从身边寻找，善于发现幸福，实现自己幸福的最大化。幸福可以是孩提的牙牙学语，可以是青春的青涩懵懂，可以是爱恋中的花前月下，也可以是黄昏里的默默执手。每一种当下都可以细分成一分一秒，立足当下，就会发现幸福近在咫尺。忽略了现在，就等于自讨苦吃。幸或不幸，都是在我们现在的每一个行动中形成的。把握住了现在，即把握住了幸福秘密。如果你还在为眼前的痛楚所忧伤，那么不妨放下你的忧愁，带着快乐的心，融入当下。

>>> 第十五章

生活要天然，生死需释然

树枯了，有再青的机会；花谢了，有再开的时候；燕子去了，有再回来的时刻……然而，人的时间一旦逝去，就如覆水难收，无法挽回。时间对于我们每一个人来说都是最宝贵的财富，珍惜眼前的时间，爱护你的生命，善待生命里的每一分钟。

幸福经不起从头再来

当死亡的阴影笼罩我们时，我们才突然觉得人生苦短。那些未尽的责任怎么办？那些未了的心愿怎么办？那些未实现的诺言怎么办……面对死亡通知书，人们只能踏上那条不归路。追悔也罢，遗憾也罢，结局无人能改，一切悔之晚矣。

非洲有一个部落，婴儿刚生下来就"获得"60岁的寿命，从60岁算起，随着婴儿长大，以后逐年递减，直到零岁。人生大事都得在这60年内完成，此后的岁月便颐养天年了。这种计算方法非常的独特。人生不过是我们从上苍手中"借来"的一段岁月而已，过一年"还"一岁，直至生命终止。

生命既是"借来的"一段光阴，每过一分钟，我们便会失去生命中的一分钟。有人算过这样一笔账：假如人能活70岁，而每天睡觉8小时，那么70年会睡掉204400小时，约合8517天，约为23年零4个月。这样，人还剩下46年零8个月的时间。此外，闲聊、看病等时间，再加上退休后不工作的时间，约合36年零2个月。如此算来，一个人活到70岁，自己只有10年零6个月的时间可以用来做些事。更何况并不是人人都能活到70岁的。

由此看来，我们能真正拥有的时间寥寥无几。树枯了，有再青的机会；花谢了，有再开的时候；燕子去了，有再回来的时刻……然而，人的时间一旦逝去，就如覆水难收，难以挽回。时间对于我们每一个人来说都是最宝贵的财富，要珍惜时间，爱护生命，利用好你生命中的每分每秒。

人的一生其实也只有三天：昨天、今天、明天。昨天已逝，明天未至，而我们要面对的只有今天。李大钊说："我认为世间最宝贵的是'今'，最易失去的也是'今'。"很多人憧憬明天的美好，也有人常常徘徊于昨天的记忆里，但是他们都忽略了今天。也许明天很美好，明天的太阳比今天灿烂辉煌，可是，"明日复明日，明日何其多"，一个人如果不懂得珍惜今天的时光，又怎么能谈得上珍惜明天的光阴呢？

"今天"与"生命"聊天，"生命"问了一句："过得怎么样？"

"今天"答道："到现在为止，今天是我最好的一天！"

"生命"仿佛为"今天"的答案感到吃惊。

"你最好的一天？""生命"用一种惊诧的口气重新问道。

"是的。""今天"迅速而且又充满信心地回答。

"生命"又问了一遍："你确定吗？"

"是的。""今天"再一次确认。

"今天"能感觉到"生命"并不相信他讲的是真话。当然，他知道"生命"相不相信并不重要，重要的是他自己相信。

"生命"问"今天"："你怎么能说今天是到现在为止，你最好的一天呢？你结婚那天呢？难道不比今天更好吗？"

"今天"答道："我一直而且将永远记得我结婚那天，我的妻子是多么快乐；我也记得第一个孩子出生的情景；我还记得在甜品店喝奶昔，意识到自己还能做事；我也记得我和儿子一起爬上奥林匹亚山，欣赏这美丽的世界，我还记得在学年手册上读到学校里最传统的女孩儿写的评语，说我是高年级最好的男孩子，我还记得有个女孩对我说她尊重我，而我告诉自己，我也尊重自己；我记得那天船长公正地对待我，我记得海军军官说我不能参军，而母亲仁慈地告诉我说还有希望，我也记得其他两万多个美好的日子，每一天都成就了现在的生活。那些天里，一定有许多天可以排在我好日子列表的前面，但没有一天是最好的一天，它们中的任何一天都只能排第二。"

对于时间的流逝，我们常会产生这样一种错觉：日子长着呢。于是，我们懒惰，我们懈怠，我们怯懦……无论做错什么，我们都原谅自己，因为来日方长，不管什么事放到明天再做也不迟，但终有一日，死亡的阴影会笼罩我们，面对那一纸死亡通知书，能想到的是快乐的还是追悔的，解脱的还是遗憾的？

生命是每个人向老天借来一段日子，在有限的生命中珍惜光阴，做好自己该做的事情，才能在最终幸福地微笑。

生是奋斗，死是休息

郭沫若说过："生死本是一条线上的东西。生是奋斗，死是休息。生是活跃，死是睡眠。"这种对生死的参透，在轻描淡写中蕴涵着深刻的哲理。

何谓生？有人说："生就是不断地把濒临死亡的威胁从自己身边抛开。"一个人要懂得生的意义，就要知道"天地无终极，人命若朝霞"的道理，都说人生苦短，所以我们应该活得更有意义，生命不可能有两次，切莫连一次生命也不善于度过。

李白的诗吟得好："三万六千日，夜夜当秉烛。白日何短短，百年若易海。"生命是单程路，不论你怎样转变，都不会走回头，但是，生活中，太少的人能看到这一点。有些人，成则轻狂骄妄、得意忘形，败则一蹶不振、沮丧绝望，对得失锱铢必较，对成败患得患失，对诱惑无法抵抗。无论大事小事，整天烦恼、忧愁、痛苦、懊丧，甚至去猜忌、争斗、相互陷害。不识人生之轻重、不辨生命之真谛，真可谓一叶障目，不识泰山！人生苦短，生命易逝，我们今天能健康、自在、安乐地活着，就没有什么理由不去过好生命中的每一天。

有一位妇人，她只生了一个儿子，她对这唯一的孩子百般呵护，特别关爱。可是，天有不测风云，人有旦夕祸福。妇人的独生子忽然染上恶疾，虽然妇人尽其所能地邀请各方名医来给她的儿子看病，但是，医师们诊视以后都相继摇头叹息，束手无策。不久，妇人的独生子就离开了人世。

这突然而至的打击，就像晴天霹雳，妇人完全无法接受这个事实。她天天守在儿子的坟前，夜以继日地哀伤哭泣，形若槁木，面如死灰，悲伤地喃喃自语：

"在这个世间，儿子是我唯一的亲人，现在竟然舍下了我先走了，留下我孤苦伶仃地活着，有什么意思啊？今后我要依靠谁啊？唉！我活着还有什么意义呢？"

妇人决定不再离开坟前一步，她要和自己心爱的儿子死在一起！四天、五天过去了，妇人一粒米也没有吃，她哀伤地守在坟前哭泣。与爱子就此永别的事实如锥刺心，实在是让妇人痛不欲生啊！

死神被妇人的悲痛触动了，他来到人间。死神慈悯地望着妇人，缓缓地问道："你为什么一个人孤单地在这墓冢之间呢？"妇人忍住悲痛回答："伟大的死神啊！我唯一的儿子带着我一生的希望走了，他走了，我活下去的勇气也随着他走了！"

死神听了妇人哀痛的叙述，便问道："你想让你的儿子死而复生吗？"

"当然，那是我的希望！"妇人仿佛是水中的溺者抓到浮木一般。

"只要你带来上好的苹果到这里，我便能使你的儿子复活。"

死神接着嘱咐："但是，记住！这上好的苹果要从家中从来没有死过人的人家里要来。"

妇人听了，二话不说，立刻去寻找从来没有死过人的人家的苹果。她见人就问："您家中是否从来没有人过世呢？"

"家父前不久刚往生。"

"您家中是否从来没有人过世呢？"

"妹妹一个月前走了。"

"您家中是否从来没有人过世呢？"

"家中祖先乃至于与我同辈的兄弟姊妹都一个接着一个过世了。"

妇人始终不死心，然而，问遍了村里的人家，没有一家是没死过人的，她找不到这种苹果,失望地走回坟前,对死神说:"死神啊,我走遍了整个村落,每一家都有家人去世,没有家里不死人的啊……"

死神这时回答:"这个世界的万事万物,都是遵循着自然规律在运行。春天,百花盛开,树木抽芽,到了秋天,树叶飘落,乃至草木枯萎。人也是一样的,有生必有死,谁也不能避免生、老、病、死、苦,并不是只有你心爱的儿子才经历这变化无常的过程啊,所以,你又何必执迷不悟,一心寻死呢?能活着,就要珍惜可贵的生命,体悟世间的真理,从苦中解脱。"妇人听后释然。

谁的身边没有逝去的人?每一秒都有生命在陨落,有的时候,看到别人走了,我们会下意识地庆幸这样的事情没有发生在自己身上,但也不要高兴得太早,不要忘记自己也终有那么一天要走到终点;当然,也不能太过悲伤,亲人走了,但是自己还活着,不可轻生,死是无法挽回的,但活着是难能可贵的,所以,为死去的人好好生活,也为自己好好生活,这对死去的人和自己来说,都是最好的选择。

我们要珍惜生命。从某种意义上说,生比死更难。死,只需要一时的勇气,生,却需要一世的胆识。人啊,有的时候活得简单点,看开一点,为着自己的理想去奋斗,充实地过完这一生,就足够了。不管你是得意或是失意,不要忘记随时去反省自己,勇敢地去面对生死,思考人生。有了看透生死的勇气,才能顺应自然、重生乐生,超越自我,创造超越自我的人生价值。

不要荒废人生的旅程

有人说，一个人从生下来就开始走向死亡，其实，我们没有必要那么悲观，最起码我们没有立即死亡。我们从出生到死亡，要过一段说长不长，说短也不短的时间旅程，如何去把握这段旅程？不要荒废生命，在即将离开人世的那一刻，没有后悔，那就没有虚度，那就不枉到这世上走一遭。不在乎天长地久，只在乎曾经拥有，我们拥有过律动的生命，见过彩虹，经过风雨，我们就没有什么理由去惧怕死亡。

一位中年人和一位年轻人都不幸身患绝症，他们住在同一间病房。中年人的生命只有一个月的时间了，年轻人则还有三个月的时间。年轻人对自己即将终结的生命感到很沮丧，同时也不断怒骂老天对他的不公平。尽管他的父母为了给他治病，几乎倾家荡产，累得筋疲力尽、心力交瘁，但他还是对父母充满了怨恨、指责，埋怨他们没有给他好的身体，也没有挣很多的钱给他治病。每次来探望他的时候，他的父母听到的都是儿子对他们的愤恨。老人们只能默默流泪。

另一位中年人表现得很平静，每次对前来探望他的家人、朋友都非常平和，经常还谈笑风生，非常幽默，根本看不出一个即将死去的人的悲凉。一次，年轻人的父母在受完儿子的责骂走后，中年人终于忍不住地对年轻人说："你死了，不仅是对你父母的解脱，也是对你自己的解脱。"年轻人很愤恨地问道："你为什么这么说？"

中年人平静地解释道："你的内心充满了怨恨，丝毫没有怜惜你的父母，他们是在承受着你的折磨；而你自己在折磨他人的同时，也在折磨自己。生命到最后了，你却还是没有看到美好的东西，如果这样，给你100年的寿命也活不出什么意义来！"

托马斯曼说："死亡是什么？这个问题的答案不是用几个贫乏的、煞有介事的字说出来的……死亡是一种幸福，是非常深邃的幸福……是在痛苦不堪的徘徊踟蹰后踏上归途，是对严重错误的纠正，是从难以忍受的枷锁桎梏中得到解放。"有生便有死，死并不可怕，可怕的是不敢面对，自己恐吓自己，自己折磨自己，意志消沉。笑对人生，笑对死亡，这才是我们珍惜生命的重要法则。

庄子的妻子去世了，好友惠子去吊丧，却看到庄子两腿张开，蹲在地上，正敲着盆子唱歌，惠子很惊讶，愤愤地说："夫人和你结为伴侣，生儿育女，身老而死，你不哭，也就罢了，怎么能敲着盆子唱歌，是不是太过分了？"庄子微笑："不对。她刚死的时候，我怎么能够不难过！可是探究她的开始，本来没有生命，不仅没有生命，而且没有形体，不仅没有形体，而且没有气。混杂在混沌之中，变化而产生了气，气变化成了形体，形体变化有了生命。现在又因变化而死亡，这些就好像是春夏秋冬一年四季在运行。夫人安静地到天地之间休息，我却大声地哭，我认为这样是太不懂得命运，所以忍住了哀痛。"惠子若有所悟。

生命从起点到终点，是一次多么自然的过程啊。没有死的悲伤就没有生的喜悦，洞悉了生与死的本质，就不会为终究要死去而坐立不安，只会为生存的每一天而喝彩、叫好。

弗洛伊德说："我们当然有着思想准备，把死亡看做是生命的必然归宿，从而同意这样的说法：每个人都欠大自然一笔账，人人都得还清账——死亡是自然的，不可否认的，无法避免的。"正所谓"尘归尘，土归土"，死又何惧呢？

生活就像一个山坡。眼望着坡顶往上爬，心里会觉得很高兴，但登上坡顶，马上就会发现，下坡路就在眼前，路走完了，死亡也就来了。上坡很慢，但下坡却很快。或许生命的时间是短暂的，但是，只要我们认认真真过好每一天，就没有什么好抱怨的，珍惜每一寸光阴，不要去担心死亡，凡事以平常心待之，我们就能生活得更加充实而快乐。

人的生命恰似一部小说，其价值在于贡献而不在于短长。人要懂得感恩，也要懂得知足，生死便能泰然处之。

充实每个瞬间，就能无限延长生命

库尔茨说："谁能以深刻的内容充实每个瞬间，谁就是在无限地延长自己的生命。"有生命就要去创造，去做有意义的事情，充实自己的人生，何必执著于生命那些转瞬即逝的过往，劳神伤情？上帝赋予了我们生命，却不负责我们生命的质量。充实生命的密度就等于延长生命的长度。

一只飘摇的生命之舟，从时空的长河中缓缓驶来。舟中有一个刚刚诞生的生命，他不会说、不会笑、不会跳、不会闹，也不会思考，他只是沉睡着，远处传来一个声音："你从何处来？要到何处去？"刚诞生的小生命重复道："我从何处来？要到何处去？"生命之舟在时空的长河中默默前行。忽然，又传来一个声音："等一等！我们想与你一同旅行，请载我们同去！"随着声音传来的方向看去，只见痛苦与欢乐、爱与恨、善与恶、得与失、成功与失败、聪明与愚钝，手拉着手游向生命之舟。痛苦从左边上了船，欢乐从右边上了船；爱从左边上了船，恨从右边上了船……

待这些人生的伴侣们进到了船舱，这只飘摇的生命之舟顿时沉重了许多，舱中的气氛顿时活跃了，哭声和笑声接连从舟中传出来。忽然，又一个喊声传来："等一等，等一等，还有我们。"众人循声望去，只见清醒与糊涂、路人与朋友双双携手游来。

清醒从左边上了船，糊涂却迟迟不肯上去。路人从左边上了船，朋友也迟迟不肯上去。"喂！怎么回事？朋友！糊涂！你们快上来呀！"一个声音招呼着他们。

"不！除非糊涂先上去，我才会上去！否则，生命是容不下我的！"朋友说。

"不！我也不想上去，我知道我是不受欢迎的！"糊涂说。

"请上船吧，糊涂！你知道你在我的一生中多么重要吗？我要得到朋友，首先要得到你，我要成就一番事业，没有你是万万不行的。"船中的生命呼唤着。

于是，糊涂犹犹豫豫地上了船，朋友紧跟着也上去了。飘摇的生命之舟，在时空长河中满载着前行。这时，后面又传来了呼唤声："等一等我，别忘了我！我一直在追随着你哪！"这是死亡的呼喊。在死亡的追赶下，生命之舟一路向前。显然它不肯为死亡停驻，不知是装作没有听见死亡的呼喊，还是听不见死亡的声音，但无论如何，死亡依然紧紧地跟在它的后面，寸步不离。

有生必有死，生死都相对的，是一对矛盾的统一体，生命中不能缺少死亡这一环。死亡也是我们要承担的生命的义务之一，正如生命中的苦与乐、逆与顺、成与败、得与失、寿与夭、健康平安与多灾多难，我们都应该面对并接受。

虽然死亡是人生必然经历的过程，但人人都怕死。正如斯威夫特所说："一个人已经一条腿跨进了坟墓，一定会用力把另一条腿撑住。年老的人总还希望多活一天，而把死亡看做最大的不幸，天性随时都在鼓励着他要他躲开死亡。"平常人惧怕死亡，是因为不知道人死之后要去向何处。

人们总是问佛陀："佛死了到什么地方去呢？"佛陀总是微笑着，保持沉默，什么话也不说。但是，这个问题一次又一次地被提出来，看来人们对这个问题还是比较关心的。为了满足人们的好奇心，佛陀对他的弟子说："拿一支小蜡烛来，我会让你们知道佛死了到什么地方去。"弟子急忙拿来了蜡烛，佛陀说："把蜡烛点亮，然后拿过来靠近我，让我看看蜡烛的光。"

弟子把蜡烛拿到佛陀面前，用手遮掩着，生怕风把蜡烛吹灭了。但是，佛陀训斥他的弟子说："为什么要遮掩呢？该灭的自然会灭，遮掩是没有用的。就像死，同样也是不可避免的。"于是，佛陀吹灭了蜡烛，说："有谁知道蜡烛的光到什么地方去了？它的火焰到什么地方去了？"弟子们你看我，我看你，谁也说不上来。

佛陀接着说："佛死就如蜡烛熄灭，蜡烛的光到什么地方去了，佛死了就到什么地方去了。和火焰熄灭是一样的道理，佛死了，他就消失了。他是整体的一部分，他和整体共存亡。火焰是个性，个性存在于整体之中，火焰熄灭了，个性就消失了，但是整体依然存在。不要关心佛死后去了哪里，他去了哪里不重要，重要的是如何成佛。等到你们顿悟的时候，你们就不会再问这样的问题了。"

不要问死后去了哪里，关键是你要参透死亡。越是看透俗世的人，越能看清得失，从而生活得更加简单，而简单中有一种快乐和淡泊。

人的一生很短暂，百年也只是一瞬，我们不能像攒钱一样把生命攒起来。当一个人企图做自己身体的守财奴时，他通常把自己弄得很悲惨。

我们只有献出生命，才能得到生命。我们应在自己有限的生命中，将生命的光与热发挥到极致，为更多的人带来幸福，也给自己的人生创造出更大的意义。

无法左右，不如顺其自然

生死是人生必经的旅程，不要把死看做终结，死代表走向了"另一个去处"。如果说人来到世上是偶然，那么，走向死亡却是必然的。拥有生命的每个人，都有死亡的那一天。

人生的旅途中，不同的人有着不同的命运经历，有的人，生命短暂，但早早看透了生死，反而活出了精彩的人生；有的人，生命虽长，但从未整理、计划自己的人生，最终逃不过碌碌无为的平庸，这不得不说是生命的悲哀。

科尔和马克一起去医院看病，他们都是鼻子不舒服。在等待化验结果期间，科尔说如果是癌，立即去旅行。马克也如此表示。

结果出来了，科尔得的是鼻癌，马克长的是鼻息肉，科尔留下了一张告别人生的计划表离开了医院，马克却住了下来，科尔的计划是：去一趟埃及和希腊，以金字塔为背影拍一张照片，在希腊参观一下苏格拉底雕像；读完莎士比亚的所有作品……

他在这生命的清单后面这样写道："我的一生有很多梦想，有的实现了，有的由于种种原因，没有实现。现在上帝给我的时间不多了，为了不遗憾地离开这个世界，我打算用生命的最后几年去实现剩下的愿望。"科尔辞掉了公司的职务，去了埃及和希腊。现在科尔正在实现他出一本书的夙愿。

有一天，马克在报上看到科尔写的一篇有关生命的散文，于是打电话去问科尔的病情。科尔说："我真的无法想象，要不是这场病，我的生命该是多么的糟糕。是它提醒了我，去做自己想做的事，去实现自己想去实现的梦想。现在我才体味到什么是真正的生命和人生。你生活得也挺好吧？"

马克没有回答。他早把自己人生的目标放到脑后去了。

人，只有在生命垂危的那一刻，才感叹人生苦短，好像很多事情还来不及去完成，就要人去楼空。如果我们能时常想起死亡，一定会感到生命和时间的弥足珍贵，就会争分夺秒地好好生活。不过，即使生命已经没有太多时间了，我们也不能就这么放弃，只要还活着，就有时间去享受生命的甜美。

春来秋去，生生死死，死亡不只是哪一个伟人的归宿，也是每个普通人的宿命，因此，死亡是人生中的一个基本元素。著名哲学家海德格尔在《死亡》一书的最后写道："拥有生命是好事，但生命的量没有限度，那么也许一种不好的结局真在等待着我们大家。"有死的世界并不可怕，可怕的是没有死的世界。没有死，生者何以知生？人对自身存在事实的认定唯有通过强烈的生的意识来把握。把死的事实及人关于死的意识置于真实的存在之外，人还有什么生的意识可言？

西方哲学家蓝姆·达斯曾讲了一个真实的故事：一个因病而仅剩下数周生命的妇人，一直将所有的精力都用来思考和谈论死亡有多恐怖，心情糟透了。蓝姆·达斯当时便直截了当地对她说："你是不是可以不要花那么多时间去想死，而把这些时间用来活呢？"他刚对她这么说时，那妇人觉得非常不快，但当她看到蓝姆·达斯眼中的真诚时，便慢慢地领悟到他话中的诚意。"说得对！"她说，"我一直忙着考虑死亡，完全忘了该怎么活了。"一个星期之后，那妇人还是过世了。她在死前充满感激地对蓝姆·达斯说："过去一个星期，我活得要比前一阵子丰富多了。"

人之生必然相伴于死，我们每个人从生下来的那一刻开始，便步入了走向死亡的过程，这是一个规律，人无法左右，倒不如顺其自然的好。妇人不再把死放在心上，她就收获了幸福。

其实，死亡并非是一件坏事。海德格尔认为：生活本身是具有某种额外的肯定力量的，即使生活中的不幸不足以被其包含的好事所盖过，生活仍然是值得一过的。的确，死亡总是我的，别人不能把我的死拿过去，也就是说，死亡是谁也替代不了的，是和别人毫无关联的。可以说死亡是世界上最私有的东西，每一个人都只能自己去承担自己的死，谁也帮不上忙。

既然死亡是必然的，也是必需的，有着积极的意义，那么，我们就可以去接受它，正如尼采所说："参透为何，定能接受。"